U0177930

高等职业教育工程管理类专业"十四五"数字化新形态教材

BIM 钢筋算量

文　雅　吴　洋　主　编

姚　静　娄南羽　副主编

陈蓉芳　主　审

中国建筑工业出版社

图书在版编目(CIP)数据

BIM 钢筋算量 / 文雅,吴洋主编;陈蓉芳主审. —
北京:中国建筑工业出版社,2021.8(2024.7重印)
高等职业教育工程管理类专业"十四五"数字化新形
态教材
ISBN 978-7-112-26315-8

Ⅰ. ①B… Ⅱ. ①文… ②吴… ③陈… Ⅲ. ①钢筋混
凝土结构—结构计算—高等职业学校—教材 Ⅳ.
①TU375

中国版本图书馆 CIP 数据核字(2021)第 134876 号

BIM 技术的不断发展,对高职工程管理类专业特别是工程造价专业学生的知
识体系和综合能力提出了更高的要求。《BIM 钢筋算量》教材是在此背景下编写
的,帮助学生利用 BIM 技术(相关软件)掌握钢筋算量技能的课程教材。

本教材主要包含以下三大部分:钢筋工程基础知识、软件介绍及 BIM 钢筋算
量实操。教材精讲了建设工程中常见的典型构件(梁、板、柱及基础等)建模方
法及钢筋算量方法。每个任务均配套了典型案例工程 CAD 图纸,学生在教师的指
导下依据图纸完成该任务的任务单,加强实操,便于学生在学习理论知识的同时
强化实操,真正掌握实用技能。

为更好地支持本课程的教学,我们向使用本教材的教师免费提供教学课件,
有需要者请发送邮件至 cabpkejian@126.com 免费索取。

责任编辑:吴越恺 张 晶
责任校对:李美娜

高等职业教育工程管理类专业"十四五"数字化新形态教材
BIM 钢筋算量
文 雅 吴 洋 主 编
姚 静 娄南羽 副主编
陈蓉芳 主 审
*
中国建筑工业出版社出版、发行(北京海淀三里河路 9 号)
各地新华书店、建筑书店经销
北京红光制版公司制版
建工社(河北)印刷有限公司印刷
*
开本:787 毫米×1092 毫米 1/16 印张:10 字数:250 千字
2021 年 8 月第一版 2024 年 7 月第二次印刷
定价:**30.00** 元(赠教师课件)
ISBN 978-7-112-26315-8
(37937)

前　　言

"BIM钢筋算量"是高职高专工程造价、建设工程管理等专业的核心专业课程，其教学目的是：培养学生准确计算构件钢筋工程量能力，使用BIM软件建立三维模型能力，利用BIM软件进行钢筋工程量快速准确计算能力。本教材以建筑工程造价员岗位标准和二级造价工程师考试大纲为依据，对接国家高等职业学校工程造价专业教学标准和湖南省高等职业院校工程造价专业学生技能考核标准，将建筑工程造价员岗位的典型工程任务合理地嵌入教材中。

本教材编写团队积极贯彻落实教育部《国家职业教育改革实施方案》《关于组织开展"十三五"职业教育国家规划教材建设工作的通知》《职业院校教材管理办法》等文件要求，联合企业和建设工程造价管理机构合作开发工作手册式教材并配套了丰富的信息化资源。

本教材根据国家和湖南省最新规范编写，包括《建设工程工程量清单计价规范》GB 50500—2013、《房屋建筑与装饰工程工程量计算规范》GB 50854—2013、2020《湖南省建设工程计价办法》及附录（湘建价［2020］56号文）和《湖南省房屋建筑与装饰工程消耗量标准（基价表）》（2020）、《混凝土结构施工图平面整体表示方法制图规则和构造详图》（16G101）等。教材共设置了3个篇章，其中第3篇设置9个学习情境，每个学习情境由若干个典型工程任务组成，每个任务都结合实际案例详细分析了钢筋工程量手工计算和BIM软件模型绘制要点，通过该典型工作任务的学习，使学生能够准确计算钢筋工程量，利用工程造价BIM软件完成三维模型绘制，利用BIM软件快速计算出相应构件钢筋工程量。同时每个任务都提供了相应的数字化资源，旨在提高学生在计量与计价方面的实践操作能力，体现了教材实用性的特点。

本教材由湖南城建职业技术学院文雅和吴洋负责统稿并担任主编，湖南城建职业技术学院陈蓉芳担任主审。具体分工如下：第1篇由湖南城建职业技术学院文雅、邹品增编写；第2篇由湖南城建职业技术学院李旋、湖南工程职业技术学院龚霞编写；第3篇由湖南城建职业技术学院文雅、吴洋、姚静、娄南羽、邹品增、张佳顺、湖南建筑高级技工学校潘珂、湖南六建物资租赁有限公司殷浩（工程师）编写。本教材编写人员长期在教学、科研、生产一线从事相关工作，具有丰富的专业知识、教学经验和实践经验。

本教材可作为高等职业院校工程管理类、建筑工程类专业作教材，也可用作职业资格考试的参考用书及相关技术人员零距离上岗的参考书。

因编写时间仓促，编者的经验和水平有限，书中难免存在疏漏与不足之处，敬请广大读者提出宝贵意见，以便进一步修改完善。

目　　录

第1篇 钢筋工程基础知识

 学习目标

1. 素质目标

（1）培养学生严谨的职业习惯和精益求精的品质，严格遵守相应标准及规范的要求；

（2）培养学生团队精神与合作意识，应积极协助小组成员完成任务单工作；

（3）培养独立思考、开放思维的学习能力。

2. 知识目标

（1）了解钢筋的分类；

（2）了解钢筋构件平法制图规则；

（3）掌握钢筋工程量计算方法。

3. 能力目标

（1）能够识读钢筋平法施工图；

（2）具有熟练运用钢筋工程量计算方法计算构件工程量的能力。

 课程思政

1. 为节约资源，对钢筋工程量精细管理，在工作中保持严谨、细致的工作作风；

2. 保证计算结果正确的前提下提高查找图集、规范的效率，培养精益求精的工匠精神。

任务 1.1 钢 筋 的 分 类

钢筋主要用于钢筋混凝土和预应力钢筋混凝土构件中的配筋，是土木工程中用量最大的钢材之一。钢筋主要有以下几种：

（1）低碳热轧光圆钢筋

建筑用光圆钢筋主要是 HPB300 级，也称为一级钢筋，通常也用符号 A 表示。低碳光圆钢筋有强度较低，塑性好，伸长率高，便于弯折成形、容易焊接等特点。可用作小型钢筋混凝土结构构件的受力钢筋或箍筋，以及冷加工（冷拉、冷拔、冷轧）的原料。

（2）钢筋混凝土用热轧带肋钢筋

热轧带肋钢筋采用低合金钢热轧而成，横截面通常为圆形，且表面带有两条纵肋和沿长度方向均匀分布的横肋。该类钢筋中主要元素有硅、锰、钒、铌、钛等，其中的硫和磷为其有害元素。钢筋牌号有 HRB335、HRB400、HRB500 三种，分别为二、三、四级钢筋，通常也用符号 B、C、D 表示。

（3）冷轧带肋钢筋

冷轧带肋钢筋采用热轧圆盘条（光圆钢筋）经冷轧而成，表面带有沿长度方向均匀分布的二面或三面的月牙肋。其牌号按抗拉强度分为 CRB500、CRB650、CRB800、CRB970、CRB1170 共五个等级。公称直径范围为 4～12mm。冷轧带肋钢筋是采用冷加工方法强化的典型产品，冷轧后强度明显提高，但塑性也随之降低，这类钢筋适用于中小预应力构件和普通钢筋混凝土构件。

（4）预应力混凝土热处理钢筋

这类钢筋是指用热轧中碳低合金钢钢筋经淬火、回火调质处理的钢筋，通常有直径 6mm、8.2mm、10mm 三种规格，抗拉强度高，表面有横肋和纵肋，一般卷成直径 1.7～2.0m 的弹性盘条供应，开盘后可自行伸直。使用时应按所需长度切割，不能用电焊或氧气切割，也不能焊接，以免引起强度下降或脆断。

（5）预应力混凝土用钢丝钢绞线

预应力混凝土用钢丝是采用优质碳素钢或其他性能相应的钢种，经冷加工及时效处理或热处理而制得的高强度钢丝，可分为冷拉钢丝和消除应力钢丝两种，按外形又可分为光面钢丝和刻痕钢丝两种。冷拉钢丝的直径有 3mm、4mm、5mm 等三种规格，消除应力钢丝的公称直径有 4mm、5mm、6mm、7mm、8mm、9mm 等 6 种规格。若将两根、三根或七根圆形断面的钢丝捻成一束，则形成预应力混凝土用钢绞线。预应力钢丝、钢绞线均属于冷加工强化及热处理钢材，拉伸试验没有屈服点，但抗拉强度远远超过热轧钢筋和冷轧钢筋，并具有较好的柔韧性，应力松弛率低。因此适用于大荷载、大跨度及需要曲线配筋的预应力混凝土结构。

任务 1.2 钢筋工程基础知识

1. 钢筋工程量计算方法

无论是《建设工程工程量清单计价规范》GB 50500—2013，还是各地方定额规定，钢筋工程量计算规则基本相同，计算规则如下：

（1）钢筋工程，应区别不同钢筋种类和规格，分别按设计长度乘以单位质量，以吨计算。计算公式如下：

$$钢筋工程量＝钢筋长度×钢筋理论重量×根数$$

钢筋长度应区分不同钢筋级别、直径、规格按"米"计算，钢筋理论重量可以通过查表获得，也可以根据经验公式自行计算获得，钢筋理论重量(kg/m)＝0.00617d(d 为钢筋直径，单位：mm)。

（2）计算弯起钢筋重量时，按外皮长度计算，不扣除延伸率。

（3）先张法预应力钢筋，按构件外形尺寸计算长度，后张法预应力钢筋按设计图规定的预应力钢筋预留孔道长度，并区别不同锚具类型，分别按下列规定计算：

1）低合金钢筋两端采用螺杆锚具时，预应力钢筋按孔道长度共减 0.35m，螺杆另行计算。

2）低合金钢筋一端采用镦头插片，另一端螺杆锚具时，预应力钢筋长度按预留孔道长度计算，螺杆另行计算。

3）低合金钢筋一端采用镦头插片，另一端采用帮条锚具时，预应力钢筋按孔道长度增加 0.15m，两端均采用帮条锚具时，预应力钢筋共增加 0.3m 计算。

4）低合金钢筋采用后张混凝土自锚时，预应力钢筋长度增加 0.35m 计算。

5）低合金钢筋或钢绞线采用 JM、XM、QM 型锚具，孔道长度在 20m 以内时，预应力钢筋长度增加 1m；孔道长度 20m 以上时，预应力钢筋长度增加 1.8m 计算。

（4）计算钢筋工程量时，按图示尺寸计算长度。钢筋的电渣压力焊接、套筒挤压、直螺纹接头，以个计算，执行相应项目，但不计取搭接长度。

（5）钢筋混凝土构件预埋铁件工程量，按设计图示尺寸，以吨计算。

（6）植筋增加费（不包括钢筋制安费用）的工程量按实际根数计算。每根埋深按以下规则取定：

1）钢筋规格为 20mm 以下时，按钢筋直径的 15 倍计算，并应大于或等于 100mm；

2）钢筋规格为 20mm 以上时，按钢筋直径的 20 倍计算。

深度不同时可按埋深长度比例予以换算。

2. 平法系列图集简介

结构施工图平面整体表示方法，简称平法，是把结构构件的尺寸和配筋等按照平面整体表示方法的制图规则，整体直接地表示在各类构件的结构布置平面图上，再与标准构造详图配合，结合成了一套新型完整的结构设计表示方法。

平法制图改变了传统的那种将构件（柱、剪力墙、梁）从结构平面设计图中索引出来，再逐个绘制模板详图和配筋详图的烦琐办法。目前平面整体表示方法已在施工图样设计、施工、造价等工程领域普遍应用，最新版本的平法图集有《混凝土结构施工图平面整体表示方法制图规则和构造详图》（简称 16G101—1、16G101—2 及 16G101—3），也称为 16G101 系列图集。该系列图集由中国建筑标准设计研究院等有关单位根据《混凝土结构设计规范》GB 50010—2010、《建筑抗震设计规范》GB 50011—2010、《高层混凝土结构技术规程》JGJ 3—2010 等为依据编制的。16G101—1 适用于非抗震和抗震设防烈度为 6～9 度地区的现浇混凝土结构的框架、剪力墙、框架-剪力墙和部分框支剪力墙等结构施工图设计，以及各类结构中的现浇混凝土楼面与屋面板（有梁楼盖及无梁楼盖）、地下室结构部分的墙体、柱、梁、板结构施工图的设计，其中楼板部分也适用于砌体结构。16G101—2适用于非抗震和抗震设防烈度为6～9度地区的现浇钢筋混凝土板式楼梯。16G101—3适用于现浇混凝土独立基础、条形基础、筏形基础（分梁板式和平板式）及桩基承台施工图设计。由于16G101图集内容较多，且都为专业术语，初学者理解起来比较困难，但是计算钢筋工程量不懂图集也是不行的，为此图集中将关于钢筋计算的内容进行总结，以便于大家学习。

（1）混凝土结构的环境类别

影响混凝土结构耐久性最重要的因素就是环境，环境分类应根据其对混凝土结构耐久性和影响而确定。混凝土结构环节类别的划分主要适用于混凝土结构正常使用极限状态的验算和耐久性设计，环境类别的划分应符合表1-2-1的要求。

混凝土结构的环境类别　　　　　　　　　　　表 1-2-1

环境类别	条　　　件
一	室内干燥环境； 无侵蚀性静水浸没环境
二 a	室内潮湿环境； 非严寒和非寒冷地区的露天环境； 非严寒和非寒冷地区与无侵蚀性的水或土壤直接接触的环境； 严寒和寒冷地区的冰冻线以下与无侵蚀性的水或土壤直接接触的环境
二 b	干湿交替环境； 水位频繁变动环境； 严寒和寒冷地区的露天环境； 严寒和寒冷地区冰冻线以上与无侵蚀性的水或土壤直接接触的环境
三 a	严寒和寒冷地区冬季水位变动区环境； 受除冰盐影响环境； 海风环境
三 b	盐渍土环境； 受除冰盐作用环境； 海岸环境
四	海水环境
五	受人为或自然的侵蚀性物质影响的环境

注：1. 室内潮湿环境是指构件表面经常处于结露或湿润状态的环境；

2. 严寒和寒冷地区的划分应符合现行国家标准《民用建筑热工设计规范》GB 50176—2016 的有关规定；

3. 海岸环境和海风环境宜根据当地情况，考虑主导风向及结构所处迎风、背风部位等因素的影响，由调查研究和工程经验确定；

4. 受除冰盐影响环境是指受到除冰盐盐雾影响的环境；受除冰盐作用环境是指被除冰盐溶液溅射的环境以及使用除冰盐地区的洗车房、停车楼等建筑；

5. 暴露的环境是指混凝土结构表面所处的环境。

（2）受力钢筋的混凝土保护层厚度

受力钢筋的混凝土保护层厚度，应符合设计要求，当设计无具体要求时，不应小于受力钢筋直径并应符合表 1-2-2 的要求。

混凝土保护层的最小厚度（单位：mm）　　　　　　表 1-2-2

环境类别	板、墙	梁、柱
一	15	20
二 a	20	25
二 b	25	35
三 a	30	40
三 b	40	50

注：1. 表中混凝土保护层厚度指最外层钢筋外边缘至混凝土表面的距离，适用于设计使用年限为 50 年的混凝土结构；

　　2. 构件中受力钢筋的保护层厚度不应小于钢筋的公称直径；

　　3. 一类环境中，设计使用年限为 100 年的结构最外层钢筋的保护层厚度不应小于表中数值的 1.4 倍；二、三类环境中，设计使用年限为 100 年的结构应采取专门的有效措施；

　　4. 混凝土强度等级不高于 C25 时，表中保护层厚度数值应增加 5mm；

　　5. 基础底面钢筋的保护层厚度，有混凝土垫层时应从垫层顶面算起，且不应小于 40mm。

（3）钢筋的锚固

1）钢筋的锚固形式

受力钢筋的机械锚固形式，如图 1-2-1 所示。

2）受拉钢筋锚固长度的计算（表 1-2-3～表 1-2-6）

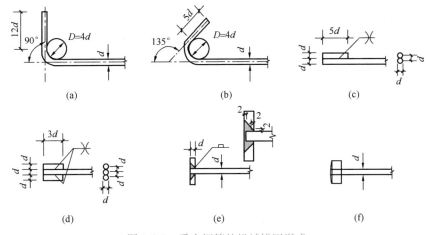

图 1-2-1 受力钢筋的机械锚固形式

（a）末端带 90°弯钩；（b）末端带 135°弯钩；（c）末端一侧贴焊锚筋；
（d）末端两侧贴焊锚筋；（e）末端与钢板穿孔塞焊；（f）末端带螺栓锚头

注：1. 当纵向受拉普通钢筋末端采用弯钩或机械锚固措施时，包括弯钩或锚固端头在内的锚固长度（投影长度）可取为基本锚固长度的 60%；

　　2. 焊缝和螺纹长度应满足承载力的要求；螺栓锚头的规格应符合相关标准的要求；

　　3. 螺栓锚头和焊接钢板的承压面积不应小于锚固钢筋截面积的 4 倍；

　　4. 螺栓锚头和焊接锚板的钢筋净间距不宜小于 4d，否则应考虑群锚效应；

　　5. 受压钢筋不应采用末端弯钩和一侧贴焊的锚固形式。

受拉钢筋基本锚固长度 l_{ab}　　　　　表 1-2-3

钢筋种类	混凝土强度等级								
	C20	C25	C30	C35	C40	C45	C50	C55	≥C60
HPB300	39d	34d	30d	28d	25d	24d	23d	22d	21d
HRB335、HRBF335	38d	33d	29d	27d	25d	23d	22d	21d	21d
HRB400、HRBF400、RRB400	—	40d	35d	32d	29d	28d	27d	26d	25d
HRB500、HRBF500	—	48d	43d	39d	36d	34d	32d	31d	30d

抗震设计时受拉钢筋基本锚固长度 l_{abE}　　　　　表 1-2-4

钢筋种类		混凝土强度等级								
		C20	C25	C30	C35	C40	C45	C50	C55	≥C60
HPB300	一、二级	45d	39d	35d	32d	29d	28d	26d	25d	24d
	三级	41d	36d	32d	29d	26d	25d	24d	23d	22d
HRB335 HRBF335	一、二级	44d	38d	33d	31d	29d	26d	25d	24d	24d
	三级	40d	35d	31d	28d	26d	24d	23d	22d	22d
HRB400 HRBF400	一、二级	—	46d	40d	37d	33d	32d	31d	30d	29d
	三级	—	42d	37d	34d	30d	29d	28d	27d	26d
HRB500 HRBF500	一、二级	—	55d	49d	45d	41d	39d	37d	36d	35d
	三级	—	50d	45d	41d	38d	36d	34d	33d	32d

注：1. 四级抗震时，$l_{abE}=l_{ab}$。

2. 当锚固钢筋的保护层厚度不大于5d时，锚固钢筋长度范围内应设置横向构造钢筋，其直径不应小于d/4（d为锚固钢筋的最大直径）；对梁、柱等构件间距不应大于5d，对板、墙等构件间距不应大于10d，且均不应大于100（d为锚固钢筋的最小直径）。

受拉钢筋锚固长度 l_a　　　　　表 1-2-5

钢筋种类	混凝土强度等级																
	C20	C25		C30		C35		C40		C45		C50		C55		≥C60	
	d ≤25	d ≤25	d >25	d ≤25	d >25	d ≤25	d >25	d ≤25	d >25	d ≤25	d >25	d ≤25	d >25	d ≤25	d >25	d ≤25	d >25
HPB300	39d	34d	—	30d	—	28d	—	25d	—	24d	—	23d	—	22d	—	21d	—
HRB335、HRBF335	38d	33d	—	29d	—	27d	—	25d	—	23d	—	22d	—	21d	—	21d	—
HRB400、HRBF400 RRB400	—	40d	44d	35d	39d	32d	35d	29d	32d	28d	31d	27d	30d	26d	29d	25d	28d
HRB500、HRBF500	—	48d	53d	43d	47d	39d	43d	36d	40d	34d	37d	32d	35d	31d	34d	30d	33d

受拉钢筋抗震锚固长度 l_{aE}　　　　表 1-2-6

钢筋种类及抗震等级		混凝土强度等级															
		C20	C25		C30		C35		C40		C45		C50		C55		≥C60
		d≤25	d≤25	d>25	d≤25	d>25	d≤25	d>25	d≤25	d>25	d≤25	d>25	d≤25	d>25	d≤25	d>25	d≤25	d>25
HPB300	一、二级	45d	39d	—	35d	—	32d	—	29d	—	28d	—	26d	—	25d	—	24d	—
HPB300	三级	41d	36d	—	32d	—	29d	—	26d	—	25d	—	24d	—	23d	—	22d	—
HRB335 HRBF335	一、二级	44d	38d	—	33d	—	31d	—	29d	—	26d	—	25d	—	24d	—	24d	—
	三级	40d	35d	—	30d	—	28d	—	26d	—	24d	—	23d	—	22d	—	22d	—
HRB400 HRBF400	一、二级	—	46d	51d	40d	45d	37d	40d	33d	37d	32d	36d	31d	35d	30d	33d	29d	32d
	三级	—	42d	46d	37d	41d	34d	37d	30d	34d	29d	33d	28d	32d	27d	30d	26d	29d
HRB500 HRBF500	一、二级	—	55d	61d	49d	54d	45d	49d	41d	46d	39d	43d	37d	40d	36d	39d	35d	38d
	三级	—	50d	56d	45d	49d	41d	45d	38d	42d	36d	39d	34d	37d	33d	36d	32d	35d

注：1. 当为环氧树脂涂层带肋钢筋时，表中数据尚应乘以 1.25；

2. 当纵向受拉钢筋在施工过程中易受扰动时，表中数据尚应乘以 1.1；

3. 当锚固长度范围内纵向受力钢筋周边保护层厚度为 3d、5d（d 为锚固钢筋的直径）时，表中数据可分别乘以 0.8、0.7；中间时按内插值；

4. 当纵向受拉普通钢筋锚固长度修正系数（注 1～注 3）多于一项时，可按连乘计算；

5. 受拉钢筋的锚固长度 l_a、l_{aE} 计算值不应小于 200；

6. 四级抗震时，$l_{aE} = l_a$；

7. 当锚固钢筋的保护层厚度不大于 5d 时，锚固钢筋长度范围内应设置横向构造钢筋，其直径不应小于 d/4（d 为锚固钢筋的最大直径）；对梁、柱等构件间距不应大于 5d，对板、墙等构件间距不应大于 10d，且均不应大于 100（d 为锚固钢筋的最小直径）。

（4）钢筋的连接

为了便于钢筋的运输、保管以及施工操作，钢筋是按一定长度（定尺长度）生产出厂的，例如 6m、8m、12m 等，所以在实际施工时必须进行连接。

1）绑扎连接

纵向钢筋的绑扎搭接是纵向钢筋连接最常见的连接方式之一。搭接连接施工比较方便，但也有其适用范围和限制条件。《混凝土结构设计规范》GB 50010—2010 中做出如下规定：轴心受拉及小偏心受拉杆件的纵向受力钢筋不得采用绑扎搭接；其他构件中的钢筋采用绑扎搭接时，受拉钢筋直径不宜大于 25mm，受压钢筋直径不宜大于 28mm，工程实际中 d≥16mm 用焊接连接（d 为钢筋直径）。

① 同一构件中相邻纵向受力钢筋的绑扎搭接接头宜相互错开

钢筋绑扎搭接接头连接区段的长度为 1.3l_l 或 1.3l_{lE}，凡接头中点位于连接区段长度内，连接接头均属同一连接区段。同一连接区段内纵向钢筋搭接接头面积百分率，为该区段内有连接接头的纵向受力钢筋截面面积与全部纵向钢筋截面面积的比值（当直径相同时，如图 1-2-2 所示钢筋连接接头面积百分率为 50%）。

② 绑扎连接长度计算（表 1-2-7、表 1-2-8）

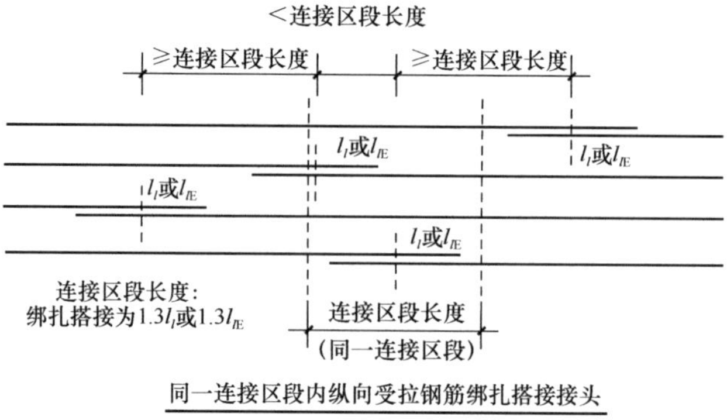

图 1-2-2　同一连接区段内纵向受拉钢筋绑扎搭接接头

纵向受拉钢筋搭接长度 l_l　　　　　　　　　　　　　　表 1-2-7

钢筋种类及同一区段内搭接钢筋面积百分率		混凝土强度等级																
		C20	C25		C30		C35		C40		C45		C50		C55		C60	
		d ≤25	d ≤25	d >25	d ≤25	d >25	d ≤25	d >25	d ≤25	d >25	d ≤25	d >25	d ≤25	d >25	d ≤25	d >25	d ≤25	d >25
HPB300	≤25%	47d	41d	—	36d	—	34d	—	30d	—	29d	—	28d	—	26d	—	25d	—
	50%	55d	48d	—	42d	—	39d	—	35d	—	34d	—	32d	—	31d	—	29d	—
	100%	62d	54d	—	48d	—	45d	—	40d	—	38d	—	37d	—	35d	—	34d	—
HRB335 HRBF335	≤25%	46d	40d	—	35d	—	32d	—	30d	—	28d	—	26d	—	25d	—	25d	—
	50%	53d	46d	—	41d	—	38d	—	35d	—	32d	—	31d	—	29d	—	29d	—
	100%	61d	53d	—	46d	—	43d	—	40d	—	37d	—	35d	—	34d	—	34d	—
HRB400 HRBF400 RRB400	≤25%	—	48d	53d	42d	47d	38d	42d	35d	38d	34d	37d	32d	36d	31d	35d	30d	34d
	50%	—	56d	62d	49d	55d	45d	49d	41d	45d	39d	43d	38d	42d	36d	41d	35d	39d
	100%	—	64d	70d	56d	62d	51d	56d	46d	51d	45d	50d	43d	48d	42d	46d	40d	45d
HRB500 HRBF500	≤25%	—	58d	64d	52d	56d	47d	52d	43d	48d	41d	44d	38d	42d	37d	41d	36d	40d
	50%	—	67d	74d	60d	66d	55d	60d	50d	56d	48d	52d	45d	49d	43d	48d	42d	46d
	100%	—	77d	85d	69d	75d	62d	69d	58d	64d	54d	59d	51d	56d	50d	54d	48d	53d

注：1. 表中数值为纵向受拉钢筋绑扎搭接接头的搭接长度。

2. 两根不同直径钢筋搭接时，表中 d 取较细钢筋直径。

3. 当为环氧树脂涂层带肋钢筋时，表中数据尚应乘以 1.25。

4. 当纵向受拉钢筋在施工过程中易受扰动时，表中数据尚应乘以 1.1。

5. 当搭接长度范围内纵向受力钢筋周边保护层厚度为 $3d$、$5d$（d 为搭接钢筋的直径）时，表中数据尚可分别乘以 0.8、0.7；中间时按内插值。

6. 当上述修正系数（注 3～注 5）多于一项时，可按连乘计算。

7. 任何情况下，搭接长度不应小于 300。

纵向受拉钢筋抗震搭接长度 l_{lE}　　　　　　表 1-2-8

钢筋种类及同一区段内搭接钢筋面积百分率			C20	C25		C30		C35		C40		C45		C50		C55		C60	
			d ≤25	d ≤25	d >25	d ≤25	d >25	d ≤25	d >25	d ≤25	d >25	d ≤25	d >25	d ≤25	d >25	d ≤25	d >25	d ≤25	d >25
一、二级抗震等级	HPB300	≤25%	54d	47d	—	42d	—	38d	—	35d	—	34d	—	31d	—	30d	—	29d	—
		50%	63d	55d	—	49d	—	45d	—	41d	—	39d	—	36d	—	35d	—	34d	—
	HRB335 HRBF335	≤25%	53d	46d	—	40d	—	37d	—	35d	—	31d	—	30d	—	29d	—	29d	—
		50%	62d	53d	—	46d	—	43d	—	41d	—	36d	—	35d	—	34d	—	34d	—
	HRB400 HRBF400	≤25%	—	55d	61d	48d	54d	44d	48d	40d	44d	38d	43d	37d	42d	36d	40d	35d	38d
		50%	—	64d	71d	56d	63d	52d	56d	46d	52d	45d	50d	43d	49d	42d	46d	41d	45d
	HRB500 HRBF500	≤25%	—	66d	73d	59d	65d	54d	59d	49d	55d	47d	52d	44d	48d	43d	47d	42d	46d
		50%	—	77d	85d	69d	76d	63d	69d	57d	64d	55d	60d	52d	56d	50d	55d	49d	53d
三级抗震等级	HPB300	≤25%	49d	43d	—	38d	—	35d	—	31d	—	30d	—	29d	—	28d	—	26d	—
		50%	57d	50d	—	45d	—	41d	—	36d	—	35d	—	34d	—	32d	—	31d	—
	HRB335 HRBF335	≤25%	48d	42d	—	36d	—	34d	—	31d	—	29d	—	28d	—	26d	—	26d	—
		50%	56d	49d	—	42d	—	39d	—	36d	—	34d	—	32d	—	31d	—	31d	—
	HRB400 HRBF400	≤25%	—	50d	55d	44d	49d	41d	44d	36d	41d	35d	40d	34d	38d	32d	36d	31d	35d
		50%	—	59d	64d	52d	57d	48d	52d	42d	48d	41d	46d	39d	45d	38d	42d	36d	41d
	HRB500 HRBF500	≤25%	—	60d	67d	54d	59d	49d	54d	46d	50d	43d	47d	41d	44d	40d	43d	38d	42d
		50%	—	70d	78d	63d	69d	57d	63d	53d	59d	50d	55d	48d	52d	46d	50d	45d	49d

注：1. 表中数值为纵向受拉钢筋绑扎搭接接头的搭接长度。

2. 两根不同直径钢筋搭接时，表中 d 取较细钢筋直径。

3. 当为环氧树脂涂层带肋钢筋时，表中数据尚应乘以 1.25。

4. 当纵向受拉钢筋在施工过程中易受扰动时，表中数据尚应乘以 1.1。

5. 当搭接长度范围内纵向受力钢筋周边保护层厚度为 $3d$、$5d$（d 为搭接钢筋的直径）时，表中数据尚可分别乘以 0.8、0.7；中间时按内插值。

6. 当上述修正系数（注 3~注 5）多于一项时，可按连乘计算。

7. 任何情况下，搭接长度不应小于 300。

8. 四级抗震等级时，$l_{lE} = l_l$。

2）机械连接、焊接连接（图 1-2-3）

需要注意的问题如下：

① d 为相互连接两根钢筋中较小直径；当同一构件内不同连接钢筋计算连接区段长度不同时取大值。

② 凡接头中点位于连接区段长度内，连接接头均属同一连接区段。

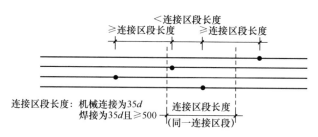

同一连接区段内纵向受拉钢筋机械连接、焊接接头

图 1-2-3　同一区段内纵向受拉钢筋机械连接、焊接接头

③ 同一连接区段内纵向钢筋搭接接头面积百分率，为该区段内有连接接头的纵向受力钢筋截面面积与全部纵向钢筋截面面积的比值（当直径相同时，图示钢筋连接接头面积百分率为 50％）。

④ 当受拉钢筋直径＞25mm 及受压钢筋直径＞28mm 时，不宜采用绑扎搭接。

⑤ 轴心受拉及小偏心受拉构件中纵向受力钢筋不应采用绑扎搭接。

⑥ 纵向受力钢筋连接位置宜避开梁端、柱端箍筋加密区。如必须在此连接时，应采用机械连接或焊接。

⑦ 机械连接和焊接接头的类型及质量应符合国家现行有关标准的规定。

（5）钢筋的弯钩长度

Ⅰ 级钢筋末端需要做 180°、135°、90°弯钩时，其圆弧弯曲直径 D 不应小于钢筋直径 d 的 2.5 倍，平直部分长度不宜小于钢筋直径 d 的 3 倍；HRB335 级、HRB400 级钢筋的弯弧内径不应小于钢筋直径 d 的 4 倍，弯钩的平直部分长度应符合设计要求。180°的每个弯钩长度＝6.25d；135°的每个弯钩长度＝4.9d；90°的每个弯钩长度＝3.5d（d 为钢筋直径），如图 1-2-4 所示。

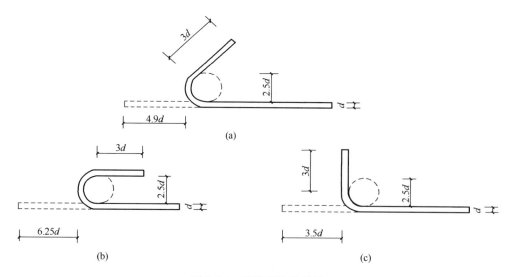

图 1-2-4　钢筋弯钩示意图

（a）135°斜弯钩；（b）180°半圆弯钩；（c）90°直弯钩

弯起钢筋的弯起角度一般有 30°、45°、60° 三种，其弯起增加值是指钢筋斜长与水平投影长度之间的差值。弯起钢筋斜长及增加长度计算表，见表 1-2-9。示意图如图 1-2-5 所示。

弯起钢筋斜长及增加长度计算表　　　　　　　　　　　　　表 1-2-9

形状		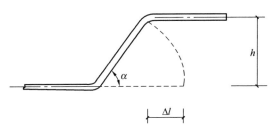		
计算方法	斜边长 S	$2h$	$1.414h$	$1.155h$
	增加长度 $S-L=\Delta l$	$0.268h$	$0.414h$	$0.577h$

（6）箍筋的长度

箍筋的末端应做弯钩，弯钩形式应符合设计要求。当设计无具体要求时，用 I 级钢筋或低碳钢丝制作的箍筋，其弯钩的弯曲直径 D 不应大于受力钢筋直径，且不小于箍筋直径的 2.5 倍；弯钩的平直部分长度，一般结构的，不宜小于箍筋直径的 5 倍；有抗震要求的结构构件箍筋弯钩的平直部分长度不应小于箍筋直径的 10 倍。箍筋的长度有两种计算方法：

图 1-2-5　钢筋弯钩增加长度示意图

① 计算法。可按构件断面外边周长减去 8 个保护层厚度再加 2 个弯钩长度计算。

② 经验法。可按构件断面外边周长加上增减值计算，增减值见表 1-2-10。

箍筋增减值调整　　　　　　　　　　　　　表 1-2-10

形状		直径 d/mm						备注：保护层按 25mm 考虑
		4	6	6.5	8	10	12	
		增减值						
抗震结构	135°/135°	−88	−33	−20	22	78	133	增减值＝25×8−27.8d
一般结构	90°/180°	−133	−100	−90	−66	−33	0	增减值＝25×8−16.75d
一般结构	90°/90°	−140	−110	−103	−80	−50	−20	增减值＝25×8−15d

（7）钢筋计算其他问题

在计算钢筋用量时，还要注意设计图样未画出以及未明确表示的钢筋，如楼板中的负弯矩钢筋的分布筋固定、满堂基础底板的双层钢筋在施工时支撑所用的马凳及钢筋混凝土墙施工时所用的定位筋等。这些都应按规范要求计算，并入其钢筋用量中。

第2篇 软件介绍

 学习目标

1. 素质目标

（1）培养学生严谨的职业习惯和精益求精的品质，在进行识图和钢筋工程量计算过程中遵守相应标准及规范的要求；

（2）培养学生团队精神和合作意识，应积极协助小组成员完成任务单工作；

（3）培养独立思考、开放思维的学习能力。

2. 知识目标

（1）理解软件的优势和特点；

（2）熟悉广联达 BIM 土建计量平台 GTJ2021 软件的基本原理；

（3）掌握广联达 BIM 土建计量平台 GTJ2021 软件基本操作。

3. 能力目标

（1）掌握广联达 BIM 土建计量平台 GTJ2021 软件基本操作流程；

（2）掌握广联达 BIM 土建计量平台 GTJ2021 软件功能键基本操作。

 课程思政

1. 工作岗位中各司其职，合作分工；

2. 精益求精、精准计量的工匠精神；

3. BIM 技术的发展要求保持持续学习的学习态度。

目前，工程实践中应用的计量软件较多，本教材以广联达 BIM 土建计量平台 GTJ2021 软件为例。该软件主要用于建筑工程所有分部分项工程（含钢筋）的工程量计算。该软件不仅可以计算建筑物插入筋混凝土柱、梁、板、剪力墙等主体结构的混凝土工程量和钢筋工程量，还可以计算散水、台阶、压顶等零星构件的工程量，同时还能计算建筑工程的装饰装修工程量。软件提供了多种计量模式，包括清单模式、定额模式、清单-定额模式，适合计算多层混合结构、框架结构、剪力墙结构、框架-剪力墙结构和筒体结构等多种结构体系的建筑物。

任务 2.1　使用 BIM 三维模型代替二维图样进行工程量计算的优势和特点

与传统方法的手工计算相比，计算机软件的算量功能可以使工程量计算工作摆脱人为因素的影响，得到更加客观的数据。通过建立 3D 关联数据库，可以准确、快速计算并提取工程量，提高工程算量的精度和效率。BIM 遵循面向对象的参数化建模方法，利用模型的参数化特点，在表单域设置所需条件对构件的工程信息进行筛选，并利用软件自带表单统计功能完成相关构件的工程量统计。同时，BIM 模型能实现即时算量，即设计完成或修改，算量随之完成或修改。随着工程推进和项目参与者信息量的增加，最初的要求会发生调整和改变，工程变更必然发生，BIM 模型算量的即时性大幅度减少变更算量的响应时间，提高工程算量效率。招标和投标各方都可以利用 BIM 模型进行工程量自动计算、统计分析，形成准确的工程量清单。这有利于招标方控制造价和投标方报价的编制，提高招标投标工作的效率和准确性，并为后续的工程造价管理和控制提供基础数据。

使用 BIM 三维模型代替二维图样进行工程量计算的优势和特点主要体现在：

（1）计算能力强

建筑工程造价管理中，工程量的计算是工程造价中最烦琐、最复杂的部分。基于 BIM 工程算量将造价工程师从烦琐、机械的劳动中解放出来，可以利用建立的三维模型进行实体扣减计算，对于规则或者不规则的构件都可以同样准确计算。软件可以便捷地统计各个不同专业的工程量，减轻造价人员的工作强度，节省更多的时间和精力用于更有价值的工作，如询价、评估风险等，并可以利用节约的时间编制更精确的预算。

（2）计算效果好

工程量计算是编制工程预算的基础，但计算过程非常烦琐，造价工程师容易因人为原因，而造成计算错误。例如：通过二维图样进行面积计算往往容易忽略立面面积，跨越多张二维图样的项目可能被重复计算，线性长度在二维图样中通常只计算投影长度等。这些人为偏差直接影响着项目造价的准确性。通过基于 BIM 技术进行算量可以使工程量计算工作摆脱人为因素影响，得到更加客观的数据。

（3）计算效率高

设计变更在现实中频繁发生，传统的方法又无法很好地应对。首先，可以利用 BIM 技术的模型碰撞检查工具尽可能地减少变更的发生。同时，当变更发生时，利用 BIM 模型可以把设计变更内容关联到模型中，只要把模型稍加调整，相关的工程量变化就会自动反映出来，不需要重复计算。甚至可以把设计变更引起的造价变化直接反馈给设计师，使他们清楚地了解设计方案的变化对工程造价产生了哪些影响。通过对 BIM 模型的变更调整，更加直观地计算变更工程量，对造价的管理控制提供有力支撑。

（4）更好地积累数据

在传统管理模式下，工程项目结束后，所有数据要么堆积在仓库，要么不知去向，今后遇到类似项目，如要参考这些数据就很难找到。而且以往工程的造价指标、含量指标，对今后项目工程的估算和审核具有非常大的借鉴价值，这些数据是造价咨询单位的核心竞争力。利用 BIM 模型可以对相关指标进行详细、准确的分析和抽取，并且形成电子资料，方便保存和共享。

任务 2.2　钢筋算量软件的基本原理

（1）基本原理与思路

钢筋算量软件的主要依据是平法系列图集、结构设计规范、施工验收规范、施工图、工程联系单以及施工中的技术工艺等，软件能够满足不同的钢筋计算要求，不仅能够完整地计算工程的钢筋总量，而且能够根据工程要求按照结构类型的不同、楼层的不同、构件的不同，计算出各自的钢筋总量并可输出明细表。

在建模中需要对图形中各构件进行清单、定额挂接，根据清单、定额所规定的工程量计算规则，结合钢筋标准及规范规定，计算机自动进行相关构件的空间分析扣减等得到工程项目的各类工程量。软件的更新同样结合我国新规范的修订及发行，使国家建筑标准设计图集能够及时地与新规范衔接，以满足结构设计的使用要求，《混凝土结构施工图平面整体表示方法制图规则和结构详图》先后经历了的 2006 年度 G101 系列、02G、03G101、11G101 平法系列、16G101 平法系列，这也是软件算量的直接依据。软件考虑建设项目的过渡性，在钢筋标准里列举了以上平法的选项供工程选用。

钢筋算量软件的基本思路可以总结为：软件算量的本质是将施工图上的钢筋信息通过软件绘图或者导图的方式建立一个结构模型，通过软件内置的计算规则实现钢筋的锚固、搭接等自动运算，最终通过软件程序自动计算完成钢筋工程量，并进行统计。

（2）学习软件应该具备的知识

为了学好软件并用好软件做实际工程算量，在学习软件之前需要具备以下基本的知识：

1）具备基本的识图能力；

2）具备一定的平法知识，熟悉建筑常用规范；

3）了解手工算钢筋量的计算方法；

4）熟悉电脑使用知识。

任务 2.3　基于 BIM 三维模型算量的步骤

在经过了设计阶段的限额设计与碰撞检查等优化设计手段后，设计方案进一步完善。造价工程师可以根据施工图进行施工图预算编制。而工程量的计算是重要的环节之一，可以按照不同专业进行工程量的计算，此时需要利用基于 BIM 的算量软件进行工程量计算，其主要步骤如下：

（1）模型建立

首先需要建立建筑、结构和安装等不同专业算量模型，模型可以如上文所述从设计软件导入，也可以重新建立。模型首先以参数化的构件为基础，包含了构件的物理、空间、几何等信息，这些信息形成工程量计算的基础。

（2）设置参数

输入工程的一些主要参数，如混凝土构件的混凝土强度等级、室外地坪高度等。前者作为混凝土构件自动套取做法的条件之一，后者是计算挖土方的条件之一。

（3）在算量模型中针对构件类别套用工程做法

如混凝土、模板、砌体、基础都可以自动套取做法（定额）。再补充输入不能自动套取做法的部分，如装饰做法、门窗定额等。自动套取是依据构件定义、布置信息及相关设置自动找到相应的定额或者清单做法，并且软件可以根据定义及布置信息自动计算出相关的附加工程量（模板超高、弧形构件系数增加等）。每个地区的定额库中均设置了自动套用定额表，自动套用定额表记录着每条定额子目和它可能对应的构件属性、材料、量纲、需求等关系，其中量纲指体积、面积、长度、数量等，需求指子目适应的计算范围、增减量等。软件通过判断三维建筑模型上的构件属性、材料、几何特征，依据自动套用定额表完成构件和定额子目的衔接。按清单统计时需套取清单项以及对应消耗量子目的实体工程量。

（4）通过基于 BIM 的工程量计算软件自动计算并汇总工程量，输出工程量清单

计算工程量的依据是模型中各构件的截面信息、布置信息、输入的做法、计算规则等。

任务 2.4　钢筋算量软件综述

1. 操作界面介绍

操作界面介绍

以广联达 BIM 土建计量平台 GTJ2021 软件为例，该软件主要通过绘图建立模型的方式来进行钢筋算量的计算，构件图元的绘制是软件使用中重要的部分。对绘图方式的了解是学习软件算量的基础，图 2-4-1 所示是 GTJ2021 中构件的图元形式。GTJ2021 主要有导航树、构件列表对话框、绘图区、选项卡、文件命令等这常用操作栏，下面简单介绍这些栏目的作用。

（1）导航树

按照操作流程的步骤展开进行对应的设置，一般要先进行工程的设置，然后再进入绘图输入的模块进行构件的定义和绘制，接着对一些零星构件进行单构件输入，最后进行计算报表预览，所以导航树主要引导的是按步骤完成的流程。

（2）构件列表对话框

在这个区域我们可以对构件的属性进行定义和修改，也可以在列表栏里面选择对应的构件后进入绘图区绘制。

（3）绘图区

软件模型绘制建立的主要操作区域。

（4）选项卡

在绘图过程中我们对构件的位置进行绘制和调整以及快捷的操作命令。例如复制、镜

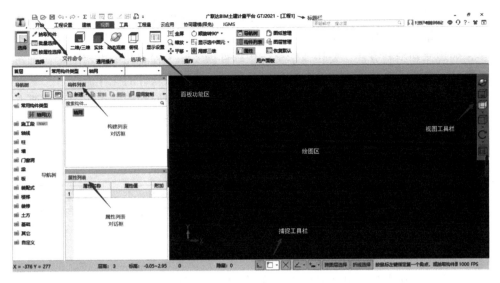

图 2-4-1　软件操作界面

像、旋转等操作命令都在这里。

（5）文件命令

点击菜单栏里面的某个菜单，里面会有软件的一些常规命令。例如工程的保存以及软件的帮助信息等。

2. 软件基本操作流程

广联达 BIM 土建计量平台 GTJ2021 软件操作流程，如图 2-4-2 所示。

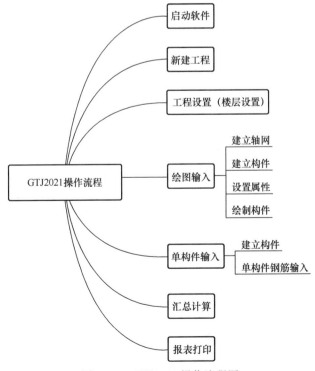

图 2-4-2　GTJ2021 操作流程图

使用软件做工程，画图建模是关键的一个环节，画图的效率及正确性直接关系到做工程的效率及算量的准确性。为了达到高效建模的目的及确保计算的准确性，软件绘图都应遵循一定的规律和绘制方法。要快速学会应用软件做实际工程有几个决定因素：①熟练掌握软件的基本操作；②清晰明了软件的算量的原理；③熟悉软件的操作流程；④掌握软件快速对量查量的方法。其中，熟悉软件的基本操作流程是用好软件做工程的最重要点，针对不同的结构，采用不同的绘制顺序，能够更方便地绘制，更快速地计算，提高工作效率。对一般结构类型，推荐的两种绘制流程如下：

（1）空间布局的绘图流程（图 2-4-3）

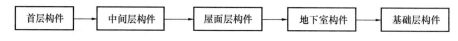

图 2-4-3　空间布局的绘图流程

（2）主要构件类型的绘图流程

针对不同的结构类型，灵活采用不同绘制顺序，才能达到高效、准确的效果。几种主要结构类型可采用以下绘制顺序进行：

1）框架结构：框架柱→框架梁→现浇板→基础构件→楼梯、檐沟等。

2）剪力墙结构：剪力墙→暗柱、端柱→暗梁→门、窗洞口→连梁→现浇板→基础构件→楼梯等零星构件。

3）框架剪力墙结构：剪力墙→暗柱、端柱→框架柱→连梁、框架梁→现浇板→基础构件→楼梯等零星构件。

任务 2.5　软件功能键基本操作

1. 绘制构件的基本操作

绘制构件的基本操作包括点、线、面构件的绘制。

（1）常见的点式构件（柱、承台、独立基础）

点式构件的布置方法：首先在工具栏里面或者构件列表里面通过点击鼠标左键选择对应的构件，然后鼠标左键点击工具栏里面的点的命令，最后在绘图区域内对应的轴网位置点击鼠标左键绘制。其操作方法如下：

1）在"构件列表"中选择一种已经定义的构件（图 2-5-1），如 KZ-1。

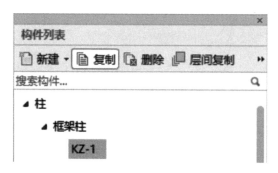

图 2-5-1　构件列表选择构件

2) 在"绘图"选择"点",如图 2-5-2 所示。

3) 在绘图区,鼠标左键单击一点作为构件的插入点(图 2-5-3),完成绘制。

图 2-5-2　绘图工具栏"点"绘制

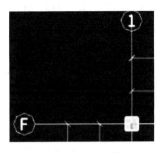

图 2-5-3　构件的插入点

(2) 常见的线性构件(梁、墙、板带、后浇带)

线性构件的绘制方法:首先在工具栏里面或者构件列表里面通过点击鼠标左键选择对应的构件,然后鼠标左键点击工具栏里面的直线命令,最后在绘图区域内对应的轴网位置鼠标左键选择起点和终点,点击鼠标右键结束绘制。其操作方法如下:

1) 在"构件列表"中选择一种已经定义的构件(图 2-5-4),如框架梁 KL2(3)。

2) 左键单击"绘图"(图 2-5-5)中的"直线"。

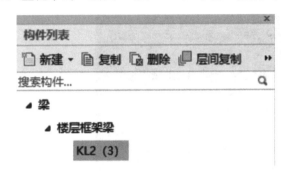

图 2-5-4　构件列表选择构件

图 2-5-5　绘图工具栏"直线"绘制

3) 用鼠标点去一点,在点取第二点即可以画出一道梁,再点取第三点,就可以在第二点和第三点之间画出第二道梁(图 2-5-6),以此类推。

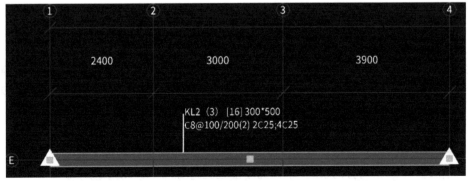

图 2-5-6　直线绘制梁

（3）常见的面式构件（现浇板、筏板、自定义集水坑、自定义承台等）

面式构件的绘制方法：首先在工具栏里面或者构件列表里面通过点击鼠标左键选择对应的构件，然后鼠标左键点击工具栏里面的直线的命令，最后在绘图区域内对应的轴网位置鼠标左键依次选择起点、第二点、第 n 点直至终点，点击鼠标右键结束绘制。（技巧提醒：如选择中间某点错误可以按住 Ctrl 键点击鼠标左键撤回一点）其操作方法如下：

1）在"构件"中选择一种已定义的构件（图 2-5-7），如现浇板 B-1。

2）鼠标左键单击"绘图"（图 2-5-8）中的"直线"。

图 2-5-7　构件列表选择构件

图 2-5-8　绘图工具栏"直线"绘制

3）采用与直线绘制梁相同的方法，不同的是要连续绘制，使绘制的线围成一个封闭的区域，形成一块面块图元，绘制结果如图 2-5-9 所示。

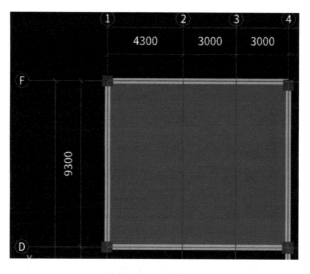
图 2-5-9　绘制板

2. 绘制构件的快捷操作

绘制构件的快捷操作包括复制、移动、镜像、偏移、对齐、删除、旋转等快捷操作在实际工程中运用非常的广泛，能极大地提高工作效率，初学者需要反复练习熟练掌握。

（1）复制（CO）：将图元以一个点为基准复制到指定方向上的指定距离处。

1）选择要复制的图元，点击鼠标右键确认；

2）选择一个点作为基准，复制图元到指定位置，点击鼠标右键完成。

（2）移动（MV）：将图元以一个点为基准在指定方向上移动指定距离。

1）选择要移动的图元，点击鼠标右键确认；

2）选择一个点作为基准，移动图元到指定位置。

（3）镜像（MI）

创建选定图元的镜像副本。

1）选择需要镜像的图元；

2）绘制镜像轴，选择是否需要删除原来图元。

（4）偏移

将线式图元和面式图元在指定方向偏移指定距离。

① 选择要偏移的图元，点击鼠标右键确认；

② 指定偏移距离。

（5）对齐（DQ）

将单个图元的边界与选定的目标线对齐。

① 选择对齐目标线；

② 选择图元要对齐的边线。

（6）旋转（RO）

将图元以一个点为基准旋转任意角度。

① 选择要旋转的图元，点击鼠标右键确认；

② 选择一个旋转基准点，确认旋转角度。

第 3 篇　BIM 钢筋算量实操

 **学习目标**

1. 素质目标

（1）培养学生严谨的职业习惯和精益求精的品质，在进行识图和钢筋工程量计算过程中遵守相应标准及规范的要求；

（2）培养学生团队精神和合作意识，应积极协助小组成员完成任务单工作；

（3）培养独立思考、开放思维的学习能力。

2. 知识目标

（1）了解钢筋识图和算量的基础知识；

（2）掌握柱、梁、板、墙、基础等构件的识图和手工算量；

（3）熟悉广联达 BIM 土建计量平台 GTJ2021 软件基本原理和操作方法；

（4）掌握软件的操作命令和操作程序；

（5）掌握柱、梁、板、墙、基础等构件的定义、绘制和二次编辑方法。

3. 能力目标

（1）具有良好的钢筋识图和算量能力；

（2）掌握广联达 BIM 土建计量平台 GTJ2021 软件基本操作流程；

（3）熟练使用广联达 BIM 土建计量平台 GTJ2021 软件基本功能的能力；

（4）熟练使用广联达 BIM 土建计量平台 GTJ2021 软件完成案例项目柱、梁、板、墙、基础等构件绘制。

（5）具有熟练运用所学理论知识，并加以实践变通的能力；

（6）具有运用所学知识分析和解决问题的能力。

 **课程思政**

1. 为节约资源，对钢筋工程量精益管理，在工作中保持严谨、细致的工作作风；

2. 保证计算结果正确的前提下提高建模的效率，培养精益求精的工匠精神；

3. 了解钢筋集中标注与原位标注各司其职，深化对事物"共性与个性"的认识，要求识图过程中的严谨细致，具体问题具体分析；

4. 联系观：柱、梁、板等主体构件相互独立又相互连接，每个构件先要明确分界再相互关联。

学习情境 1　新　建　工　程

在使用广联达 BIM 土建计量平台 GTJ2021 软件算量时，首先要建立文件，文件的名称要和工程名称统一，以便后续查找文件；选择清单规则、定额规则、清单库和定额库时要协调统一，计算规则对算量结果影响很大，工程信息的内容要根据工程施工图样具体分析，认真填写。

1. 打开软件

双击图标 广联达BIM土建计量平台GTJ2021 打开软件→弹出"新建工程"对话框，如图 3-1-1 所示。

新建工程
示范视频

图 3-1-1　新建工程

"新建工程"对话框提供了多种功能：

（1）新建工程：此功能适用于新工程，建立一个新的土建计量文件。

（2）最近文件：列出了最近使用的文件，无须再从资源管理器里逐级查找文件，可直接单击打开，将鼠标悬浮于文件图标上，软件显示"上传"和"移除"按钮，选择"上传"通过登录传至云端保存；选择"移除"将删除最近文件记录。

（3）打开文件：打开已经建立的土建计量文件。

（4）课程学习：通过登录可以收看软件教学视频。此外，还有"新版提醒"和"产品验证"等辅助功能。

2. 新建文件

新建工程的第一步，是对工程名称、计算规则、工程所选用的清单库和定额库以及工程的做法模式的设置。具体设置如下：

（1）填写工程名称及选择各项规则

"长沙市某学校食堂"属于新建工程（以后可以直接打开），单击"新建"，进入"新建工程"对话框，如图 3-1-2 所示。

1）工程名称：工程名称的设置对于工程量的计算没有任何影响，工程名称中输入的内容与保存后生成的文件名相同。例如，本工程填写"长沙市某学校食堂"。

2）清单规则：根据工程所属的省、市或合同规定选择确定，本工程选择"房屋建筑与装饰工程计量规范计算规则（2013－湖南）（R1.0.27.4）"。

3）定额规则：选择各省、市的定额规则，本工程选择"湖南省建筑工程消耗量标准计算规则（2020）－13 清单（R1.0.27.4）"。

4）清单库：清单规则确定后，清单库就会自动选择，不可随意改动，否则会使清单规则与清单不匹配，给后续算量带来不必要的麻烦。本工程为"工程量清单项目计量规范（2013－湖南）"。

5）定额库：依据合同规定来确定，注意和定额规则配套，本工程选择"湖南省建筑与装饰工程消耗量标准（2020）"。

6）平法规则：计算规则的设置分为 16 系平法规则、11 系平法规则两种，软件可以根据所选图集规则进行工程量计算。根据合同规定确定，本工程选择"16 系平法规则"。

7）汇总方式：汇总方式有两种，按外皮汇总和按中心线汇总计算钢筋。按外皮计算钢筋长度一般应用于工程造价中钢筋工程量，按中心线计算钢筋一般用于钢筋下料时应考虑的工程尺寸，可以根据需要进行选择。本工程选择"按照钢筋图示尺寸—即外皮汇总"。

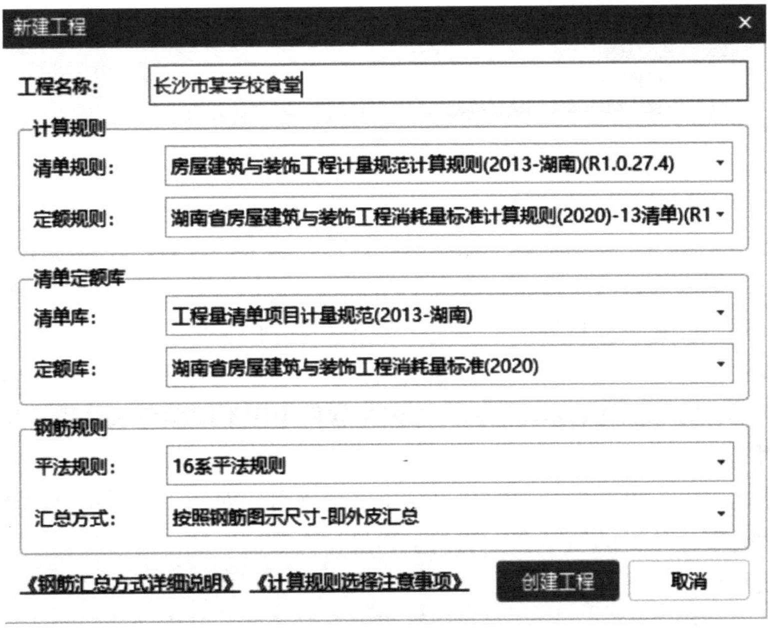

图 3-1-2　新建工程对话框

（2）填写工程信息

单击软件左上方"工程设置"选项板，单击"工程信息"按钮，弹出"工程信息"对话框。根据图纸信息，填写相关的工程信息，如图 3-1-3 所示。

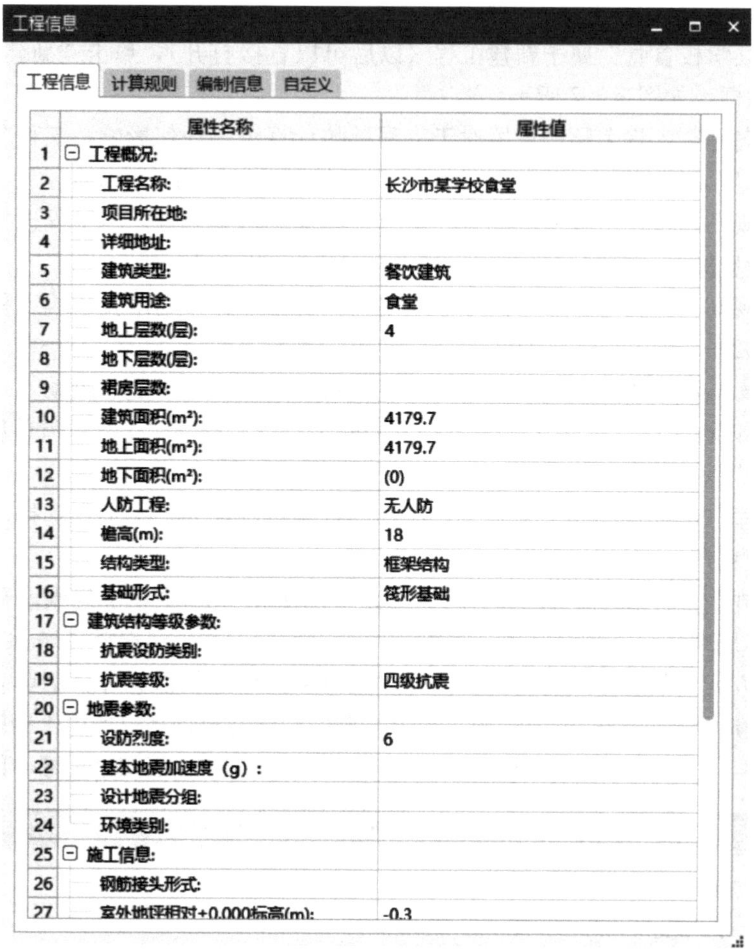

	属性名称	属性值
1	⊟ 工程概况:	
2	工程名称:	长沙市某学校食堂
3	项目所在地:	
4	详细地址:	
5	建筑类型:	餐饮建筑
6	建筑用途:	食堂
7	地上层数(层):	4
8	地下层数(层):	
9	裙房层数:	
10	建筑面积(m²):	4179.7
11	地上面积(m²):	4179.7
12	地下面积(m²):	(0)
13	人防工程:	无人防
14	檐高(m):	18
15	结构类型:	框架结构
16	基础形式:	筏形基础
17	⊟ 建筑结构等级参数:	
18	抗震设防类别:	
19	抗震等级:	四级抗震
20	⊟ 地震参数:	
21	设防烈度:	6
22	基本地震加速度 (g) :	
23	设计地震分组:	
24	环境类别:	
25	⊟ 施工信息:	
26	钢筋接头形式:	
27	室外地坪相对±0.000标高(m):	-0.3

图 3-1-3　填写工程信息

这些工程信息属于一般结构施工图中结构设计说明中的内容，可以根据所要计算的图样进行填写。在界面中可以很清楚地看到工程名称、建筑类型、建筑用途、基础形式、地下层数、地上层数、建筑面积等项目是用黑色字体标注的，但是檐高、结构类型、抗震等级、设防烈度、室外地坪相对±0.000 标高（m）和进场交付施工场地标高相对±0.000 标高（m）等六项是用蓝色字体标注的。原因是软件中用不同颜色来区别所填写信息对工程量计算是否有影响。

需要说明的是：黑色字体标注的项目属于选填项目，对于工程量的计算数值没有任何影响。但是蓝色字体项目的填写会影响到工程量计算数值，属于必填项目。

（3）修改计算规则

单击"计算规则"按钮，切换至"计算规则"对话框。其中"清单规则""定额规则""平法规则""清单库"和"定额库"的属性值已经锁定，无法修改。若此时发现已经选错，则应"导出工程"，进行规则修改。

单击"钢筋报表"属性值后面的箭头，拖动滚动条向下选择"湖南（2014）"，如图

3-1-4 所示，其他不变。另外，“编制信息”和“自定义”等应根据实际情况填写，此处不再赘述。

技巧提示：软件中所有黄色背景的属性值均不允许修改；白色、绿色、黄色、部分灰色背景的属性值可以修改。

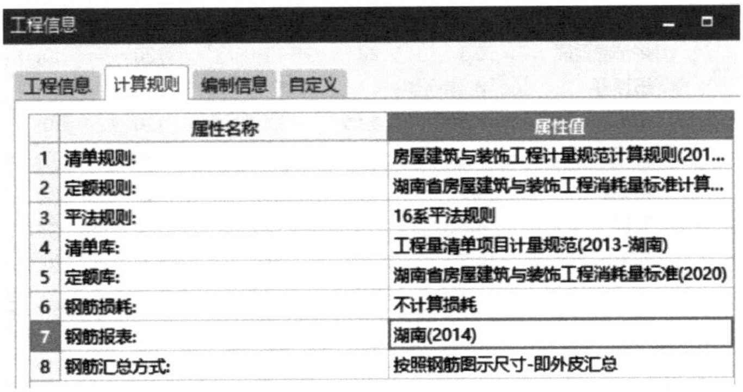

工程信息

工程信息 | 计算规则 | 编制信息 | 自定义

	属性名称	属性值
1	清单规则:	房屋建筑与装饰工程计量规范计算规则(201...
2	定额规则:	湖南省房屋建筑与装饰工程消耗量标准计算...
3	平法规则:	16系平法规则
4	清单库:	工程量清单项目计量规范(2013-湖南)
5	定额库:	湖南省房屋建筑与装饰工程消耗量标准(2020)
6	钢筋损耗:	不计算损耗
7	钢筋报表:	湖南(2014)
8	钢筋汇总方式:	按照钢筋图示尺寸-即外皮汇总

图 3-1-4 计算规划

（4）编制信息

单击“编制信息”按钮，切换至“编制信息”对话框。如图 3-1-5 所示。本窗口所填项目对工程量计算无影响，但是可以作为存档资料的重要内容，应按工程实际情况进行填写。

（5）保存文件

土建计量文件建完以后要及时保存，设置文件的存储位置，以便后续继续编辑文件。

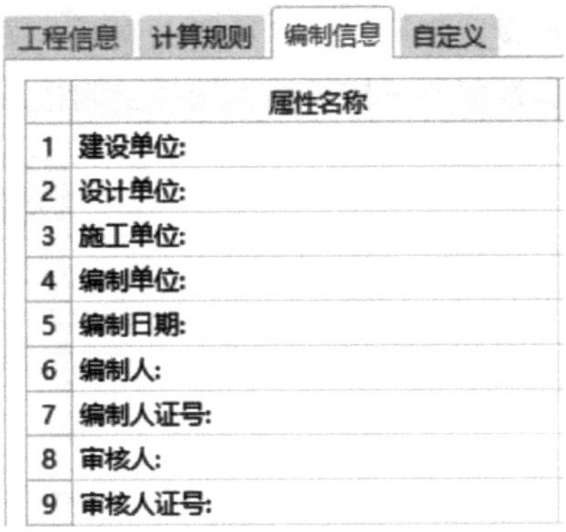

工程信息 | 计算规则 | 编制信息 | 自定义

	属性名称
1	建设单位:
2	设计单位:
3	施工单位:
4	编制单位:
5	编制日期:
6	编制人:
7	编制人证号:
8	审核人:
9	审核人证号:

图 3-1-5 编制信息

3. 设置楼层

广联达 BIM 土建计量平台软件在算量时，是按楼层来计算的，这一点与实际生活中建造建筑物非常相似，就像楼房需要一层一层地建造一样。软件中楼层的标高应按结构标高来设置。设置楼层属性的同时应设置本层构件属性，在这里按楼层统一设置好后，绘图时再设置构件属性就方便多了。

（1）填写楼层信息

单击软件左上方“工程设置”选项板，单击“楼层设置”按钮，弹出“楼层设置”对话框，使用“插入楼层”“删除楼层”“上移”“下移”按钮。

点击“插入楼层”，可以按顺序进行楼层设置。软件默认选中的是首层，点击上面的插入楼层功能，软件会根据命令出现第二层，多次点击，可出现多个楼层。然后修改相应的层高，这样就完成了地上部分楼层的定义。同样选中基础层，点击上面的插入楼层功能，软件会根据命令出现第二层，多次点击，可出现多个楼层。然后修改相应的层高，这样就完成了地下部分楼层的定义。但是需要注意的是，基础层层高是从基础底板底标高开始计算的，不包括垫层。

技巧提示：基础层和标准层不能设置为首层。设置首层后，楼层编码自动变化，正数为地上层，负数为地下层，基础层编码固定为"0"。

本工程填好楼层表如图 3-1-6 所示。

首层	编码	楼层名称	层高(m)	底标高(m)	相同层数	板厚(mm)	建筑面积(m2)
☐	6	局部屋顶层	0.5	22	1	120	(0)
☐	5	屋顶层	4	18	1	120	(0)
☐	4	第4层	4.5	13.5	1	120	(0)
☐	3	第3层	4.5	9	1	120	(0)
☐	2	第2层	4.5	4.5	1	120	(0)
☑	1	首层	4.5	0	1	120	(0)
☐	0	基础层	4.5	-4.5	1	500	(0)

图 3-1-6　楼层信息表

（2）填写构件信息

设置完楼层后，还需要进行构件抗震等级、混凝土强度等级、保护层厚度设置，此部分内容会影响到钢筋工程量计算，因此应严格按图样中载明的信息进行填写，修改后的属性值变为黄色，如图 3-1-7 所示。如果想恢复原值，可单击表格下方的"恢复默认值（D）"按钮，修改好以后单击表格下方的"复制到其他楼层"按钮，弹出"复制到其他楼层"对话框，勾选全楼"长沙市某学校食堂"，单击"确定"按钮，提示"成功复制到所选楼层"。单击"确定"按钮，这样学校食堂其他楼层的构件属性值就不用再一一修改了。楼层设置和构件信息设置无误后，关闭楼层设置对话框。在这里要特别注意，如果各楼层的属性值不一样，那么选择复制楼层时要分别对待。

	抗震等级	混凝...	混凝土类型	砂浆标号	砂浆类型	HPB235...	HRB3...
垫层	(非抗震)	C15	现浇混凝土...	M5.0	水泥砂浆	(39)	(38/42)
基础	(三级抗震)	C30	现浇混凝土...	M5.0	水泥砂浆	(32)	(30/34)
基础梁/承台梁	(三级抗震)	C30	现浇混凝土...			(32)	(30/34)
柱	(三级抗震)	C30	现浇混凝土...	M5.0	混合砂浆	(32)	(30/34)
剪力墙	(三级抗震)	C30	现浇混凝土...			(32)	(30/34)
人防门框墙	(三级抗震)	C30	现浇混凝土...			(32)	(30/34)
墙柱	(三级抗震)	C30	现浇混凝土...			(32)	(30/34)
墙梁	(三级抗震)	C30	现浇混凝土...			(32)	(30/34)
框架梁	(三级抗震)	C30	现浇混凝土...			(32)	(30/34)
非框架梁	(非抗震)	C30	现浇混凝土...			(30)	(29/32)
现浇板	(非抗震)	C30	现浇混凝土...			(30)	(29/32)
楼梯	(非抗震)	C25	现浇混凝土...			(34)	(33/36)
构造柱	(三级抗震)	C25	现浇混凝土...			(36)	(35/38)
圈梁/过梁	(三级抗震)	C25	现浇混凝土...			(36)	(35/38)
砌体墙柱	(非抗震)	C15	现浇混凝土...	M5.0	混合砂浆	(39)	(38/42)
其它	(非抗震)	C30	现浇混凝土...	M5.0	混合砂浆	(30)	(29/32)

图 3-1-7　构件信息表

经过以上的步骤，就基本上完成了工程的属性设置。对于计算规则和计算设置，可以暂时不予理会，因为软件的默认设置一般都和本地的计算规则相对应。

4. 进入建模界面

单击软件"视图"选项板→单击"用户面板"里的"导航树"打开或关闭导航树（导

航树一般处于打开状态）→单击"构件列表"将其打开→单击"属性"将其打开。单击"建模"选项板，软件进入绘图建模输入界面，如图 3-1-8 所示。

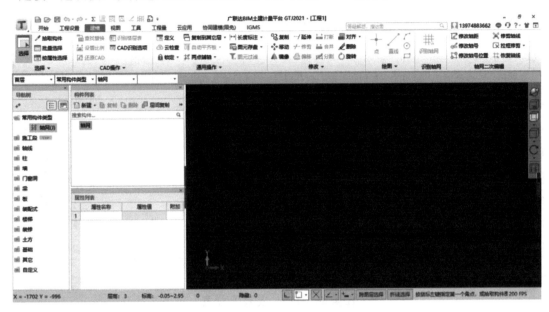

图 3-1-8 建模界面

任务单 3-1-1 软件实操：新建工程

（一）任务介绍

　　课前：学习打开文件、新建工程、楼层设置等软件操作的视频，熟悉软件操作基本流程。

　　课中：完成新建工程任务。

（二）任务实施

　　使用广联达 BIM 土建计量平台 GTJ2021 软件对教师给定的项目进行新建工程设置及楼层设置。

　　新建工程的顺序：

　　1. 新建文件，包括：工程名称、计算规则、工程所选用的清单库、定额库以及工程的做法；

　　2. 填写工程信息，六项必填项包括：檐高、结构类型、抗震等级、设防烈度、室外地坪相对±0.000 标高（m）和进场交付施工场地标高相对±0.000 标高（m）；

　　3. 修改计算规则；

　　4. 填写编制信息。

　　设置楼层：

　　1. 填写楼层信息；

　　2. 填写构件信息。

学习情境1
案例图纸

任务单 3-1-1 成果评分表

序号	考核内容	评分标准	标准分（100 分）	分值	自评	互评	师评
1	职业素养与操作规范	清查给定的资料是否齐全，检查计算机运行是否正常，检查软件运行是否正常，做好工作前准备	10	40			
		文字、图表作业应字迹工整、填写规范	10				
		不浪费材料且不损坏工具及设施	10				
		任务完成后，整齐摆放图纸、图集、工具书、记录工具、凳子、整理工作台面等	10				
2	新建工程	新建文件信息正确，每错一个构件扣 2 分，扣完为止	15	45			
		工程信息填写正确，每错一个构件扣 2 分，扣完为止	10				
		修改计算规则填写正确，每错一处扣 2 分，扣完为止	10				
		编制信息填写正确，每错一处扣 2 分，扣完为止	10				
3	设置楼层	楼层信息填写正确，每错一处扣 1 分，扣完为止	15	25			
		构件信息填写正确，每错一处扣 1 分，扣完为止	10				
综合得分							
备注：综合得分＝自评分×30％＋互评分×40％＋师评分×30％							

学习情境 2　轴　　网

任务 2.1　轴网的手动绘制

轴网是由建筑轴线组成的网，是人为地在建筑图纸中为了标示构件的详细尺寸，按照一般的习惯标准虚设的，习惯上标注在对称界面或截面构件的中心线上。建筑物柱、梁、板、墙等主要构件的相对位置是依靠轴线来确定的，画图时首先应确定轴线位置，然后才能绘制柱、梁等主要构件。

轴网由定位轴线（建筑结构中的墙或柱的中心线）、标志尺寸（用心标注建筑物定位轴线之间的距离大小）和轴号组成。主轴网一共有三种形式，分别是正交、斜交和圆弧轴网，这三种轴网可以通过编辑实现一些复杂轴网的建立。现介绍一下正交轴网的建立。

（1）新建轴网

从 **新建▾** 下拉列表中从正交轴网、圆弧轴网、斜交轴网中选择正交轴网。

单击"导航树"内"轴线"前面的 ▣，使其展开→双击"轴网"→打开"定义"对话框→单击构件列表下的"新建"→单击"新建正交轴网"，新建"轴网-1"。

轴网的手工绘制

（2）输入轴距

根据图纸信息，分别填写"下开间"和"右进深"的相关参数。此处注意：开间轴号是以数字次序 1、2、3、4、5……依次排序的；而进深轴号是以字母 A、B、C、D、E、F……依次排序的。若是图样中轴号出现特殊情况可以自定义，例如：在左进深定义完 A、B、C 轴号后，发现第四个轴号为"字母"，双击轴号名称输入"字母"，就会出现轴号名称。

填写方法一：直接在"添加（A）"下方输入数字（图 3-2-1）。

技巧提示：同时在数据框里面的数据支持乘法计算。例如，输入图样中的②～③轴和③～④轴的时候可以点击 6000×2，这个方法还是比较快的。

填写方法二：双击"常用值（mm）"下方的数字，如图 3-2-2 所示。

（3）画轴网

单击关闭"定义"对话框，弹出"请输入角度"对话框，如图 3-2-3 所示。由于学校食堂纵轴与水平方向角度为 0°，因此软件默认值是正确的（遇到倾斜轴网时要输入角度），单击"确定"按钮。

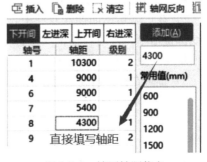

图 3-2-1　填写轴距信息

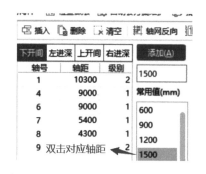

图3-2-2　双击"常用值(mm)"下方的数字

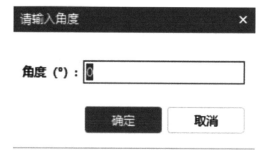

图 3-2-3　输入角度值

完成的轴网，如图 3-2-4 所示。

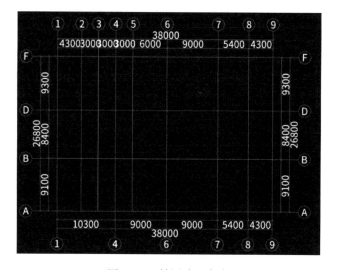

图 3-2-4　轴网建立完成

（4）辅助轴网

完成了图样主轴网（以下简称主轴）后，有时需要再次添加辅助轴网（以下简称辅轴）。辅轴，是在主轴建立之后进行的轴网操作，可以自动捕捉到主轴中的点、线等，然后进行"两点""平行""点角""删除"等操作。

辅轴也有很多独有的特点：

1）主轴只能在主轴固有的图层里面编辑，而辅轴是开放的，可以在任意一个图层里面编辑。这就提高了建立辅轴轴线的效率，在工程实践中应尽量更多地使用辅轴。

2）在广联达钢筋抽样软件中，辅轴是在每个楼层单独生成的，这就使得每个楼层的轴线都很清晰。同时，辅轴支持各个楼层之间的复制，这样就可以将常用的辅轴，复制到其他楼层，更有利于提高速度。

3）辅轴在任何情况下都是可以隐藏的，只要在大写或者英文状态下点击"O"就可以了。

任务 2.2　轴网的识别绘制

在 CAD 草图中导入 CAD 图，CAD 图中需包括可以用于识别的轴网（此处以结构施工图中柱平面图为例进行讲解）。

（1）添加图纸

在"图纸管理"对话框中选择 添加图纸▾，选择需要添加的图纸→"打开"
（图 3-2-5）。

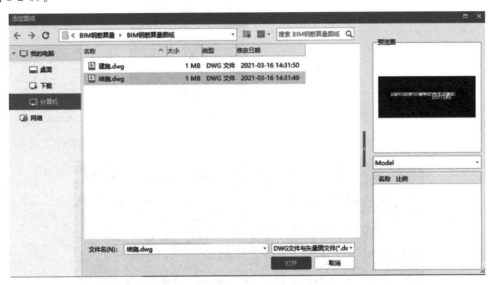

图 3-2-5　添加图纸

（2）分割图纸

在"图纸管理"对话框中选择"手动分割"，拉框选择"基础平面布置图"。点击鼠标
右键，在对话框中输入图纸名称，点击"确定"，完成图纸分割（图 3-2-6）。若已经完成
分割任务，可直接进入第二步。

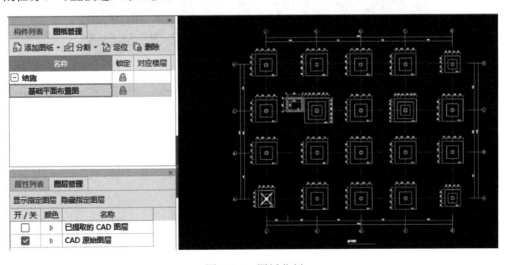

图 3-2-6　图纸分割

（3）轴网识别

1）双击"图纸管理"对话框中的"基础平面布置图"，点击"识别轴网"（图 3-2-7）。

2）点击绘图工具栏"提取轴线"→"提取标注"，选中需要提取的轴线 CAD 图元，点击鼠标右键确认选择，则选择的 CAD 图元自动消失，并存放在"已提取的 CAD 图层"中（图 3-2-8）。

3）点击"自动识别"，软件自动完成轴网识别（图 3-2-9）。

图 3-2-7　轴网识别　　　图 3-2-8　提取轴线

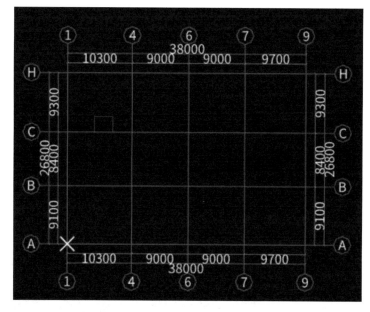

图 3-2-9　软件自动完成轴网识别

任务单 3-2-1　轴网绘制

（一）任务介绍
　　课前：学习轴网手动绘制和识别绘制软件操作的视频，熟悉软件操作基本流程。
　　课中：完成轴网绘制。
（二）任务实施
　　使用广联达 BIM 土建计量平台 GTJ2021 软件新建教师给定的工程项目轴网。

学习情境2 案例
图纸

任务单 3-2-1　成果评分表

序号	考核内容	评分标准	标准分 （100分）	分值	自评	互评	师评
1	职业素养与操作规范	清查给定的资料是否齐全，检查计算机运行是否正常，检查软件运行是否正常，做好工作前准备	10	40			
		文字、图表作业应字迹工整、填写规范	10				
		不浪费材料且不损坏工具及设施	10				
		任务完成后，整齐摆放图纸、图集、工具书、记录工具、凳子、整理工作台面等	10				
2	轴网绘制	开间轴号设置正确，每错一个构件扣 2 分，扣完为止	10	60			
		开间轴距设置正确，每错一个构件扣 2 分，扣完为止	20				
		进深轴号设置正确，每错一个构件扣 2 分，扣完为止	10				
		进深轴距设置正确，每错一个构件扣 2 分，扣完为止	20				
综合得分							
备注：综合得分＝自评分×30％+互评分×40％+师评分×30％							

学习情境 3 柱 构 件

任务 3.1 柱构件钢筋工程量的计算

3.1.1 柱构件钢筋平法识图（图 3-3-1）

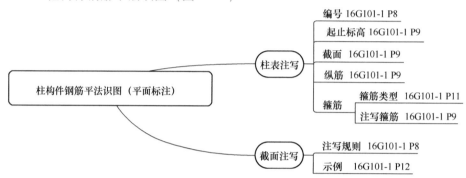

图 3-3-1 柱构件钢筋平法识图要点

（1）柱平法施工图表达方式（平面标注）

柱平法施工图系在柱平面布置图上采用列表注写方式或截面注写方式表达。某柱截面注写、列表注写参见表 3-3-1、图 3-3-2。

某框架柱信息列表 表 3-3-1

柱号	标高	$b×h$（圆柱直径 D）	b_1	b_2	h_1	h_2	全部纵筋	角筋	b 边一侧中部筋	h 边一侧中部筋	箍筋类型号	箍筋	备注
KZ1	$-4.530\sim-0.030$	750×700	375	375	150	550	28 Φ 25				1(6×6)	Φ10@100/200	
	$-0.030\sim19.470$	750×700	375	375	150	550	24 Φ 25				1(5×4)	Φ10@100/200	—
	$19.470\sim37.470$	650×600	325	325	150	450		4 Φ 22	5 Φ 22	4 Φ 20	1(4×4)	Φ10@100/200	
	$37.470\sim59.070$	550×500	275	275	150	350		4 Φ 22	5 Φ 22	4 Φ 20	1(4×4)	Φ8@100/200	
XZ1	$-4.530\sim8.670$						8 Φ 25				按标准构造详图	Φ10@100	③×Ⓑ轴 KZ1 中设置

（2）柱构件列表注写方式

在柱表中注写柱编号、柱段起止标高、几何尺寸（含柱截面对轴线的偏心情况）与配筋的具体数值，并配以各种柱截面形状及其箍筋类型图的方式，来表达柱平法施

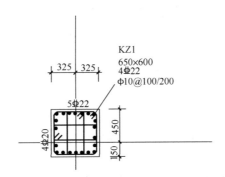

图 3-3-2 截面注写

工图。

1）柱编号（表 3-3-2）

柱编号表   表 3-3-2

柱类型	代号	序号
框架柱	KZ	××
转换柱	ZHZ	××
芯 柱	XZ	××
梁上柱	LZ	××
剪力墙上柱	QZ	××

2）起止标高

自柱根部往上以变截面位置或截面未变但配筋改变处为界分段注写。框架柱和转换柱根部标高指基础顶面标高；梁上柱的根部标高指梁顶面标高；剪力墙上柱的根部标高为墙顶面标高。

3）柱截面

矩形柱注写截面尺寸 $b \times h$ 及与轴线关系的几何参数代号 b_1、b_2 和 h_1、h_2 的具体数值，其中 $b = b_1 + b_2$，$h = h_1 + h_2$。

圆柱，表中 $b \times h$ 一栏改用圆柱直径数字前加 d 表示，圆柱截面与轴线的关系也用 b_1、b_2 和 h_1、h_2 表示。

4）柱纵筋

当柱纵筋直径相同，各边根数也相同时，将柱纵筋注写在"全部纵筋"中；除此之外，柱纵筋分角筋、截面 b 边中部筋和 h 边中部筋三项分别注写。

5）柱箍筋

① 注写箍筋类型及箍筋肢数（图 3-3-3）。

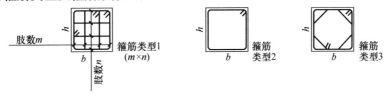

图 3-3-3 箍筋类型及箍筋肢数

② 注写箍筋的钢筋级别、直径与间距。用"/"区分柱端箍筋加密区与柱身非加密区长度范围内箍筋的不同间距。当框架节点核心区内箍筋与柱端箍筋设置不同时，在括号中注明核心区段箍筋直径及间距。

【例3-3-1】Φ10@100/200，表示箍筋为HPB300钢筋（Ⅰ级钢筋），直径10，加密区间距为100，非加密区的间距为200。

Φ10@100/200（Φ12@100），表示柱中箍筋为HPB300钢筋（Ⅰ级钢筋），直径10，加密区间距为100，非加密区的间距为200。框架节点核心区箍筋为Ⅰ级钢筋，直径12，间距100。

当箍筋沿柱全高为一种间距时，则不使用"/"线。

【例3-3-2】Φ10@100，表示沿柱全高范围内箍筋均为Ⅰ级钢筋，直径10，间距为100。

当圆柱采用螺旋箍筋时，需在箍筋前加"L"。

【例3-3-3】KΦ10@100/200，表示采用螺旋箍筋，Ⅰ级钢筋，直径10，加密区间距为100，非加密区的间距为200。

（3）柱截面注写方式

在柱平面布置图的柱截面上，分别在同一编号的柱中选择一个截面，以直接注写截面尺寸和配筋具体数值的方式表达柱平法施工图，如果局部区域发生重叠、过挤现象，该区域的比例可以调整。如柱的分段截面尺寸和配筋均相同，仅截面与轴线的关系不同时，可将其编为同一柱号。

3.1.2　柱构件钢筋工程量计算

（1）框架柱纵筋类型（图3-3-4）

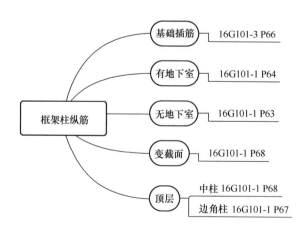

图 3-3-4　框架柱纵筋类型

框架柱纵筋的构造类型，构造详图及长度计算公式见表3-3-3～表3-3-8。

纵筋——基础插筋（无地下室）　　　　　　　　　　　　　　表 3-3-3

构造类型	构造详图	长度计算公式
基础高度满足直锚	间距≤500，且不少于两道矩形封闭箍筋（非复合箍） 伸至基础板底部，支承在底板钢筋网片上 基础顶面 50 100 h_j 基础底面 $\geqslant l_{aE}$ $6d$且$\geqslant 150$ (a) 保护层厚度>5d; 基础高度满足直锚 $\geqslant l_{lE}$ $\geqslant H_n/3$ 非连接区 嵌固部位 绑扎链接	$H_n/3 + l_{lE}$（如焊接为0）$+ h_j - c + \max$（$6d$, 150）
基础高度不满足直锚	间距≤500，且不少于两道矩形封闭箍筋（非复合箍） ① 基础顶面 50 100 h_j 基础底面 (b) 保护层厚度>5d; 基础高度不满足直锚 伸至基础板底部支承在底板钢筋网上 $\geqslant 0.6 l_{abE}$ $\geqslant 20d$ 基础顶面 基础底面 $15d$ ①	$H_n/3 + l_{lE}$（如焊接为0）$+ h_j - c + 15d$

纵筋——基础插筋（有地下室）

表 3-3-4

构造类型	构造详图	长度计算公式
基础高度满足直锚	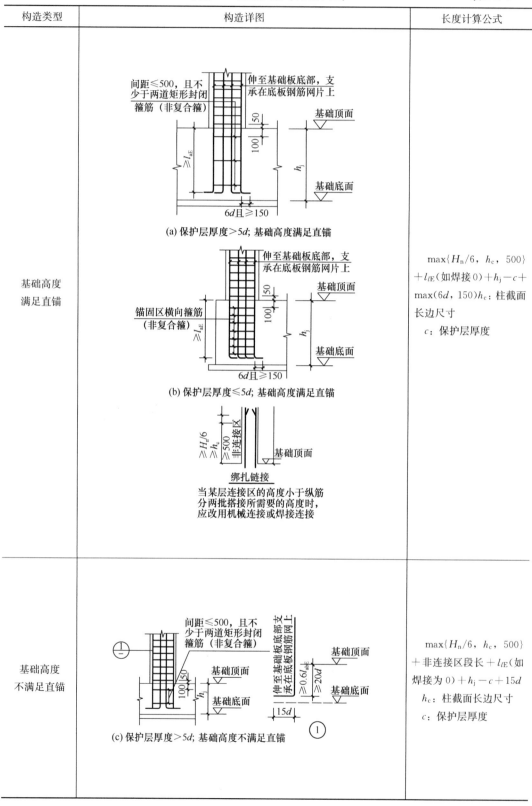 (a) 保护层厚度>5d; 基础高度满足直锚 (b) 保护层厚度≤5d; 基础高度满足直锚 绑扎链接 当某层连接区的高度小于纵筋分两批搭接所需要的高度时，应改用机械连接或焊接连接	$\max\{H_n/6,\ h_c,\ 500\}$ $+l_{lE}$（如焊接 0）$+h_j-c+$ $\max(6d,\ 150)$ h_c：柱截面长边尺寸 c：保护层厚度
基础高度不满足直锚	(c) 保护层厚度>5d; 基础高度不满足直锚	$\max\{H_n/6,\ h_c,\ 500\}$ $+$非连接区段长$+l_{lE}$（如焊接为 0）$+h_j-c+15d$ h_c：柱截面长边尺寸 c：保护层厚度

纵筋——地下室　　　　　　　　　　　表 3-3-5

构造类型	构造详图	长度计算公式
	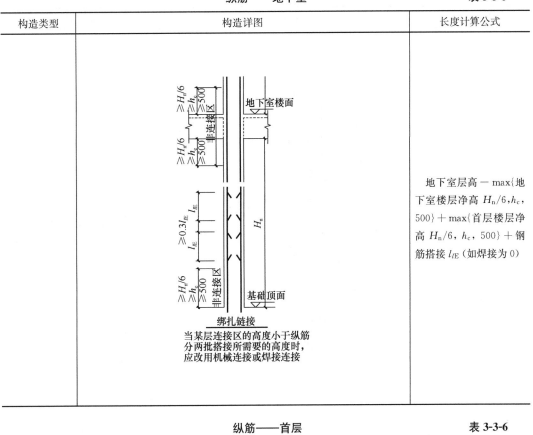 绑扎链接 当某层连接区的高度小于纵筋 分两批搭接所需要的高度时， 应改用机械连接或焊接连接	地下室层高－max{地下室楼层净高 $H_n/6$, h_c, 500}＋max{首层楼层净高 $H_n/6$, h_c, 500}＋钢筋搭接 l_{lE}（如焊接为0）

纵筋——首层　　　　　　　　　　　表 3-3-6

构造类型	构造详图	长度计算公式
	绑扎链接	首层层高－首层净高 $H_n/3$＋max{二层楼层净高 $H_n/6$, h_c, 500}＋搭接 l_{lE}（如焊接为0）

纵筋——中间层

表 3-3-7

构造类型	构造详图	长度计算公式
	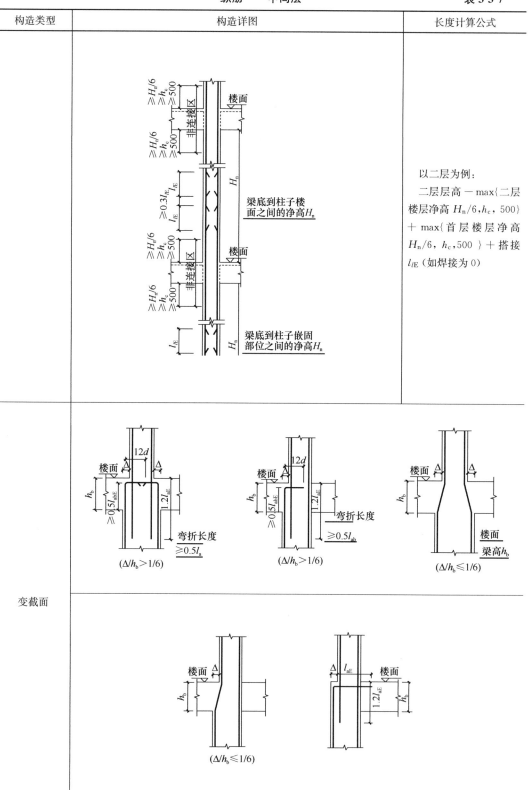	以二层为例： 二层层高 − max{二层楼层净高 $H_n/6$, h_c, 500} + max{首层楼层净高 $H_n/6$, h_c, 500} + 搭接 l_{lE}（如焊接为 0）
变截面		

纵筋——顶层　　　　　　　　　　　　　　　　　　表 3-3-8

构造类型	构造详图	长度计算公式	
	柱筋作为梁上部钢筋使用		
边角柱	 当柱纵筋直径≥25时，在柱宽范围的柱箍筋内侧设置间距＞150，但不少于3φ10的角部附加钢筋 300 300 A10 柱外侧纵向钢筋直径不小于梁上部钢筋时，可弯入梁内作梁上部纵向钢筋 柱内侧纵筋同中柱柱顶纵向钢筋构造，见本图集 ① 柱筋作为梁上部钢筋使用	当柱外侧纵筋向钢筋直径不小于梁上部钢筋时，纵筋可弯入梁内作梁上部纵向钢筋	钢筋截断
		柱内侧钢筋同中柱柱顶纵向钢筋构造	弯锚：$h_c - c - 12d$ 直锚：$h_c - c$
	当 $1.5 l_{abE} > h_b - c + h_c - c$ 时 柱外侧纵向钢筋配筋率＞1.2%时分两批截断 ≥1.5l_{abE}　≥20d ≥15d 底 梁上部纵筋 柱内侧纵筋同中柱柱顶纵向钢筋构造，见本图集 ② 从梁底算起1.5l_{abE}超过柱内侧边缘	柱外侧钢筋弯锚入梁内 1.5l_{abE}	锚固长度：$1.5 l_{abE}$
		柱外侧纵向钢筋配筋率＞1.2%时，纵向钢筋分两批截断	锚固长度：$1.5 l_{abE} + 20d$
		柱内侧纵筋同中柱柱顶纵向钢筋构造	弯锚：$h_c - c + 12d$ 直锚：$h_c - c$
	当 $1.5 l_{abE} \leq h_b - c + h_c - c$ 时 柱外侧纵向钢筋配筋率＞1.2%时分两批截断 ≥1.5l_{abE}　≥20d ≥15d ≥15d 底 梁上部纵筋 柱内侧纵筋同中柱柱顶纵向钢筋构造，见本图集 ③ 从梁底算起1.5l_{abE}未超过柱内侧边缘	柱外侧钢筋伸至柱顶弯折 15d，且锚固长度≥1.5l_{abE}	锚固长度：$\max(h_b - c + 15d, 1.5 l_{abE})$
		柱外侧纵向钢筋配筋率＞1.2%时，纵向钢筋分两批截断	锚固长度：$\max(h_b - c + 15d, 1.5 l_{abE}) + 20d$
		柱内侧纵筋同中柱柱顶纵向钢筋构造	弯锚：$h_c - c + 12d$ 直锚：$h_c - c$

续表

构造类型	构造详图		长度计算公式
边角柱	柱截面尺寸（即柱与梁相交面）大于梁宽，梁宽范围外柱外侧钢筋不能弯锚伸入梁内		
	柱顶第一层钢筋伸至柱内边向下弯折8d　柱顶第二层钢筋伸至柱内边　8d　柱内侧纵筋同中柱柱顶纵向钢筋构造，见本图集　④（用于①②或③节点未伸入梁内的柱外侧钢筋锚固）当现浇板厚度不小于100时，也可按②节点方式伸入板内锚固，且伸入板内长度不宜小于15d	当板厚＜100mm时；柱顶第一层钢筋伸至柱内边向下弯折 8d；柱顶第二层钢筋伸至柱内边	锚固长度：第一层：$h_b - c + h_c - 2c + 8d$　第二层：$h_b - c + h_c - 2c$
		当现浇板厚≥100时，也可按②节点方式伸入板内锚固，且伸入板内长度不宜小于15d	锚固长度：$h_b - c + h_c - c + 15d$
		柱内侧纵筋同中柱柱顶纵向钢筋构造	锚固长度：$h_b - c + 12d$
	锚固采用梁包柱的形式时		
	梁上部纵筋　≥1.7l_{abE}　≥20d　柱内侧纵筋同中柱柱顶纵向钢筋构造　梁上部纵向钢筋配筋率＞1.2%时，应分两批截断，当梁上部纵向钢筋为两排时，先断第二排钢筋　⑤　搭接接头沿节点外侧直线布置	柱外侧纵向钢筋伸至柱顶	锚固长度：$h_b - c$
		柱内侧纵筋同中柱柱顶纵向钢筋构造	锚固长度：$h_b - c + 12d$
		梁的上部钢筋伸入柱内锚固，弯折 1.7l_{abE}	锚固长度：$h_c - c + 1.7l_{abE}$
中柱（直锚）	伸至柱顶且≥l_{aE}　④（当直锚长度≥l_{aE}时）		层高$-c-\max\{H_n/6, h_c, 500\}$＋搭接 l_{lE}（如焊接为 0）

续表

构造类型	构造详图	长度计算公式
中柱 （弯锚）	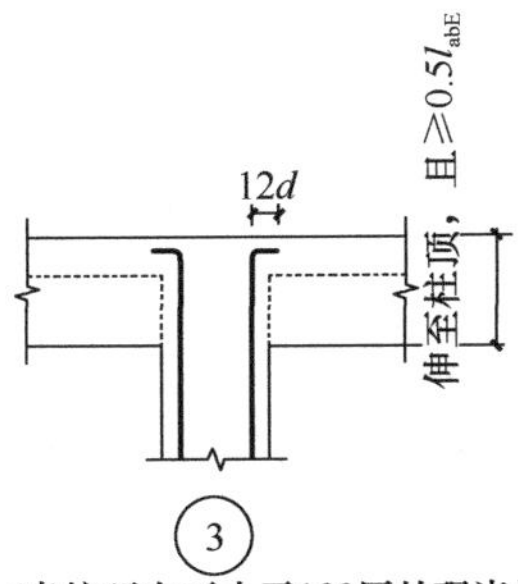 （当柱顶有不小于100厚的现浇板）	层高$-c-\max\{H_n/6, h_c, 500\}+12d$ $+$搭接l_{lE}（如焊接为0）

（2）框架柱箍筋

框架柱箍筋根数、长度见表 3-3-9、表 3-3-10。

箍筋根数 表 3-3-9

构造类型	构造详图	长度计算公式
一	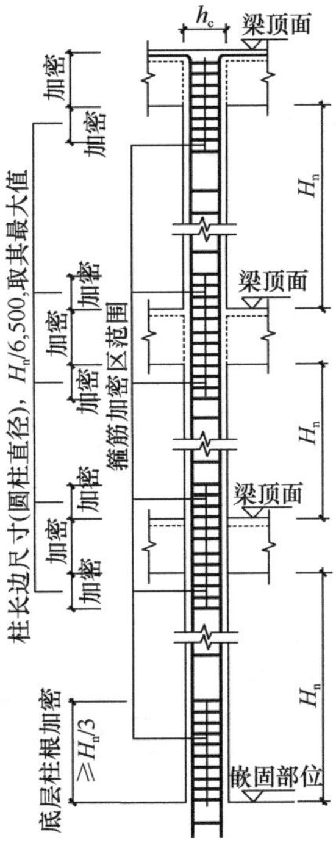 **抗震KZ、QZ、LZ箍筋加密区范围** （QZ嵌固部位为墙顶面， LZ嵌固部位为梁顶面）	第一层： 下部加密区高度$=H_n/3$ 上部加密区高度及节点高$=\max\{H_n/6, h_c, 500\}$$+h_b$ 　根数$=$（下部加密区高度/加密区间距$+1$）$+$（上部加密区高度及节点高/加密区间距$+1$）$+$（层高－下部加密区高度－上部加密区高度及节点高）/非加密间距-1 中间层及顶： 下部加密区高度$=\max\{H_n/6, h_c, 500\}$ 上部加密区高度及节点高$=\max\{H_n/6, h_c, 500\}$$+h_b$ 　根数$=$（下部加密区高度/加密区间距$+1$）$+$（上部加密区高度及节点高/加密区间距$+1$）$+$（层高－下部加密区高度－上部加密区高度及节点高）/非加密间距-1

箍筋单根长度　　　　　　　　　　　　　　　表 3-3-10

构造类型	构造详图	长度计算公式
2×2		$(b-2c+h-2c)\times2+[1.9d+\max(10d,75)]\times2$
3×3		外箍 $=(b-2c+h-2c)\times2+[1.9d+\max(10d,75)]\times2$ 横向一字型箍 $=b-2c+[1.9d+\max(10d,75)]\times2$
4×3		外箍 $=(b-2c+h-2c)\times2+[1.9d+\max(10d,75)]\times2$ 内矩形箍 $=[(b-2c-2d-D)/3+D+2d+(h-2c)]\times2+$ $[1.9d+\max(10d,75)]\times2$ 横向一字型箍 $=b-2c+[1.9d+\max(10d,75)]\times2$

（3）计算实例（选取典型构件）

计算工程项目案例"长沙市某学校食堂基础顶～4.5 柱定位图中⑥轴交◎轴处 KZ2"的钢筋工程量。图纸可通过扫描二维码获取。

⑥轴～◎轴处 KZ2
钢筋工程量图纸

1）计算条件

钢筋计算参数，见表 3-3-11。

钢筋计算参数　　　　　　　　　　　　　　　表 3-3-11

参数明细	参数值	数据来源
抗震等级	三级	结构设计说明（结施 图 1）
混凝土强度等级	C30	结构设计说明（结施 图 5）
柱保护层厚度 c	20mm	结构设计说明（结施 图 1）
基础保护层厚度 c	40mm	基础设计说明（结施 图 5）
钢筋连接方式	电渣压力焊	

2）钢筋计算过程

具体计算过程见表 3-3-12。

钢筋工程量计算过程　　　　　　　　　　　　表 3-3-12

基础插筋	计算公式＝基础底部弯折长度＋基础内高度＋基础顶面非连接区高度	
	基础底部的弯折长度	弯折长度＝$\max(6\times18,150)=150$
	基础内高度	$h_j-c=800-40=760$
	基础顶面非连接区高度	$\max\{H_n/6,\ h_c,\ 500\}$ $=\max\{(-150-900+3650)/6,\ 600,\ 500\}=600$
	总长	$150+760+600=1510$

续表

基础层层纵筋	计算公式＝层高－本层非连接区高度＋伸入上层非连接区高度	
	基础顶面非连接区高度	$\max\{H_n/6,\ h_c,\ 500\}$ $=\max\{(-150+3650)/6,\ 600,\ 500\}=600$
	伸入上层的 非连接区高度	首层净高 $H_n/3$ $=(4500-900+150)/3=1250$
	总长	$(-150-900+3650)+1250-600=3250$
首层纵筋	本层非连接区高度	首层净高 $H_n/3=(4500-900+150)/3=1250$
	伸入上层的非 连接区高度	$\max\{$二层楼层净高 $H_n/6,\ h_c,\ 500\}$ $=\max\{(4500-900)/6,\ 600,\ 500\}=600$
	总长	$4500+3650-2417+600=6333$
中间层纵筋 （二层）	本层非 连接区高度	$\max\{$二层楼层净高 $H_n/6,\ h_c,\ 500\}$ $=\max\{(4500-900)/6,\ 600,\ 500\}=600$
	伸入上层的非 连接区高度	$\max\{$三层楼层净高 $H_n/6,\ h_c,\ 500\}$ $=\max\{(4500-900)/6,\ 600,\ 500\}=600$
	总长	$4500-600+600=4500$
中间层纵筋(三四层)	同二层	
顶层纵筋	本层非连接区高度	$\max\{(4500-900)/6,\ 600,\ 500\}=600$
	伸入顶层梁高度	判断是否直锚：$l_{aE}=37d=37\times18=666$　$900-20>l_{aE}$ 符合直锚要求，伸入顶层梁高度$=900-20=880$
	总长	$4500-600-20=3880$
箍筋	外大箍长度	$(b-2c+h-2c)\times2+[1.9d+\max(10d,\ 75)]\times2$ $=(600-2\times20+600-2\times20)\times2+11.9\times8\times2=2430.4$
	内矩形箍	$[(b-2c-2d-D)/4+D+2d+(h-2c)]\times2+[1.9d+\max(10d,\ 75)]\times2$ $=[(600-2\times20-2\times8)/4+18+2\times8+(600-2\times20)]\times2$ $+11.9\times8$ $=1555.2$
	根数	首层： 下部加密区高度$=(4500-900+3650)/3=2417$ 上部加密区高度及节点高$=\max\{(4500-900+3650)/6,$ $600,\ 500\}+900=2109$ 根数$=$（下部加密区高度/加密区间距＋1）＋（上部加密区高度及节点高/加密区间距＋1）＋（层高－下部加密区高度－上部加密区高度及节点高)/非加密间距-1 $=2417/100+1+2109/100+1+(4500+3650-2417-$ 　$2109)/200-1$ $=67$

箍筋	根数	中间层及顶层： 下部加密区高度＝max{(4500－900)/6，600，500}＝600 上部加密区高度及节点高＝max{(4500－900)/6，600，500} ＋900＝1500 根数＝(下部加密区高度/加密区间距＋1)＋(上部加密区高度及节点高/加密区间距＋1)＋(层高－下部加密区高度－上部加密区高度及节点高)/非加密间距－1 ＝600/100＋1＋1500/100＋1＋(4500－600－1500)/200－1 ＝34

任务 3.2　柱构件的绘制

对于框架结构，一般流程是先画柱，因为画好的柱可以是墙构件和梁构件的一个参照，只要定义绘制好了柱，梁的位置就很好确定了。

下面以首层框架柱为例，具体讲解框架柱绘制方法。

1. 定义柱构件属性信息

几乎所有的构件的画法都有两个步骤，就是"定义"和"绘制"，对于柱构件也不例外，下面先定义构件。

柱构件的绘制

单击"导航树"中→单击"柱"前面的 ■ 使其展开→双击 柱(Z)→单击构件列表下的 🗋新建 ▾→单击"新建矩形柱"，新建"KZ-1"。重复操作建立其他框架柱，仔细阅读基础顶～4.5 柱定位图，分别填写属性(图 3-3-5)。

属性列表	图层管理		
	属性名称	属性值	附加
1	名称	KZ-1	
2	结构类别	框架柱	☐
3	定额类别	普通柱	☐
4	截面宽度(B边)(...	600	☐
5	截面高度(H边)(...	600	☐
6	全部纵筋	16Φ18	☐
7	角筋		☐
8	B边一侧中部筋		☐
9	H边一侧中部筋		☐
10	箍筋	Φ8@100/200(4*4)	☐
11	节点区箍筋		☐
12	箍筋胶数	4*4	
13	柱类型	(中柱)	☐
14	材质	现浇混凝土	☐
15	混凝土类型	(泵送砼(坍落度175~1...	☐
16	混凝土强度等级	(C25)	☐
17	混凝土外加剂	(无)	☐
18	泵送类型	(混凝土泵)	☐
19	泵送高度(m)		

属性列表	图层管理		
	属性名称	属性值	附加
1	名称	KZ-3	
2	结构类别	框架柱	☐
3	定额类别	普通柱	☐
4	截面宽度(B边)(...	600	☐
5	截面高度(H边)(...	600	☐
6	全部纵筋		
7	角筋	4Φ25	☐
8	B边一侧中部筋	4Φ25	☐
9	H边一侧中部筋	2Φ20	☐
10	箍筋	Φ8@100/200(4*4)	☐
11	节点区箍筋		☐
12	箍筋胶数	4*4	
13	柱类型	(中柱)	☐
14	材质	现浇混凝土	☐
15	混凝土类型	(泵送砼(坍落度175~1...	☐
16	混凝土强度等级	(C25)	☐
17	混凝土外加剂	(无)	☐
18	泵送类型	(混凝土泵)	☐
19	泵送高度(m)		

图 3-3-5　柱构件属性的定义

2. 绘制柱构件

在软件中，将构件从形状和画法的角度一共分了三个类别，即点式构件（例如柱、独立基础、独立基础垫层等）、线式构件（例如梁、墙、条形基础等）和面式构件（例如现浇板、筏板等）。柱属于点式构件，下面以柱为例讲述点式构件的画法。

（1）点画法

在点画法中，一共有"点"和"旋转点"两种布置方式，如图 3-3-6 所示，"旋转点"一般用来处理一些弧形轴线上面的柱子，"点"这种方法，在正交轴网中应用较多。

选择要绘制的柱构件→鼠标左键单击相应轴线交点→点击鼠标右键确定结束。

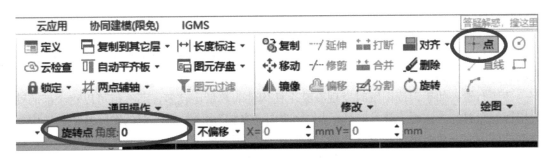

图 3-3-6　点画法

（2）智能布置

智能布置就是让需要绘制的构件以原有的参照进行布置，例如柱构件，软件提供了多种布置方法，按轴网布置柱，是布置柱构件最常用的办法（图 3-3-7）。

点击"智能布置"→拉框选择轴线交点→点击鼠标右键确定结束。

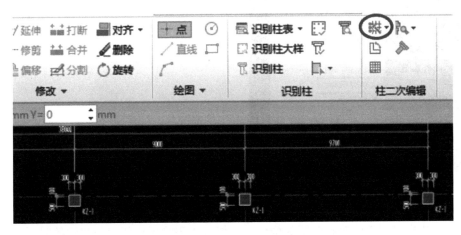

图 3-3-7　智能布置

（3）偏心柱的调整

当出现偏心柱时，如⑨轴⑭轴交点处的 KZ-1，需要利用柱二次编辑中的"查改标注"功能进行位置的精确调整（图 3-3-8）。

选择查改标注→柱图元侧边显示各边线距轴线的距离→依据图纸对其中的绿色字体的标注进行修改→右键确定结束。

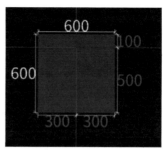

图 3-3-8　偏心柱的调整

(4)提高柱绘制速度的技巧

镜像布置：若是左右对称的工程，完成其中一半即可，剩下的部分，用"镜像"命令完成。

替换布置：如果识读图纸时发现有某个柱构件的数量比较多，那么就可以将全部的轴线用智能布置的方法画上该柱，然后用"修改图元名称"命令，将不对的图元替换。选中要修改的柱图元→单击鼠标右键→选择"修改图元名称"→弹出修改图元名称对话框，在目标构件一栏中选择正确柱构件名称→单击鼠标右键确定(图 3-3-9)。

图 3-3-9　替换布置

这个方法也可用于修改画错了的构件，它能省去删除再重新绘制图元的时间。

3. 汇总计算

汇总计算点击"工程量"选项板，点击"汇总计算"按钮，弹出"汇总计算"对话框，如图 3-3-10 所示。分别勾选"钢筋计算""表格输入"，单击"确定"按钮，软件开始计算。后弹出"计算汇总"对话框，如图 3-3-11 所示。

4. 查看钢筋工程量

鼠标左键框选所有框架柱，单击"钢筋计算结果"面板里的"查看钢筋量"，框架柱钢筋

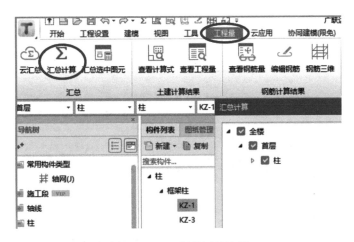

图 3-3-10　工程量汇总计算

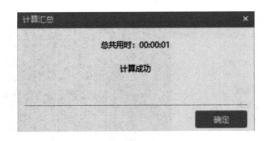

图 3-3-11　计算汇总对话框

工程量明细如图 3-3-12 所示。如果要查看单根柱的钢筋形状、计算长度数量等，则需要单击"钢筋计算结果"面板里的"编辑钢筋"按钮，单击选择要查看的框架柱，软件在绘图区下部弹出该柱的"编辑钢筋"对话框。例如单击选择⑥轴交Ⓗ轴上的 KZ-1，则该区域 KZ-1 的配筋计算如图 3-3-13 所示。

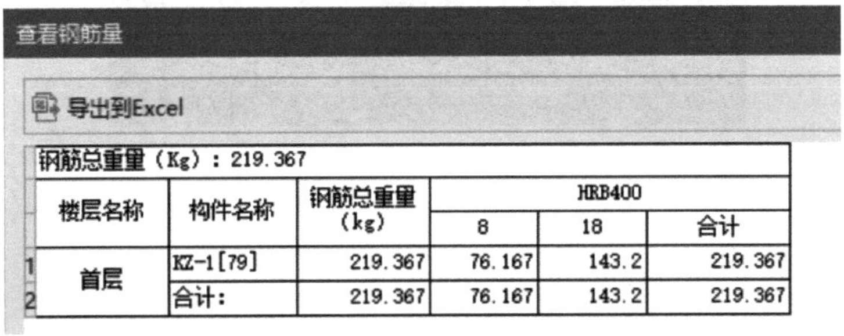

钢筋总重量（Kg）: 219.367

楼层名称	构件名称	钢筋总重量（kg）	HRB400		
			8	18	合计
首层	KZ-1[79]	219.367	76.167	143.2	219.367
	合计:	219.367	76.167	143.2	219.367

图 3-3-12　查看钢筋量

5. 查看梁内钢筋立体图

单击"钢筋计算结果"面板里的"钢筋三维"按钮→单击选择 KZ-1→单击绘图区右侧 下面的箭头→单击"西南等轴测"按钮，软件显示 KZ-1 内部的钢筋轴测图，如图 3-3-14 所示。选择"钢筋显示控制面板"中的不同项，绘图区将显示梁内不同类型的钢筋。

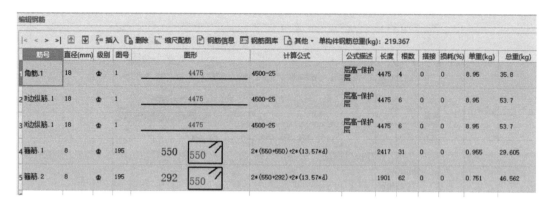

图 3-3-13　配筋计算明细

单击绘图区右侧 动态观察 按钮，调整任意角度来观察钢筋形式。最后单击 ![2D] (或按 Ctrl＋Enter 键)返回二维平面俯视图。

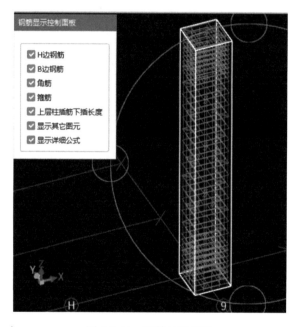

图 3-3-14　钢筋三维显示

任务单 3-3-1　柱构件钢筋工程量计算

(一)任务介绍

　　每三人为一个小组,通过学习柱构件钢筋算量模块的知识内容,结合任务指导中的相关说明,完成教师给定的工程项目案例中任意一根柱构件钢筋工程量计算任务。

(二)任务实施

　　根据钢筋计算表格示例格式计算以下钢筋的工程量(如无,可不填写)。

学习情境3
案例图纸

　　1. 计算柱基础插筋工程量;

　　2. 计算柱首层纵筋工程量;

　　3. 计算柱中间层纵筋工程量;

　　4. 计算柱顶层纵筋工程量;

　　5. 计算柱箍筋工程量。

钢筋手算表格

构件名称	钢筋名称	钢筋级别	钢筋直径	钢筋图样	根数	单根长度计算式	单根长度(m)	单重(kg)	总重量(kg)

备注:(1)暂不考虑钢筋连接,如发生钢筋连接,需考虑钢筋连接方式(搭接长度或焊接、机械连接个数);
　　　(2)如梁没有此类钢筋,在表格中填"无"。

任务单 3-3-1　成果评分表

序号	考核内容	评分标准	标准分(100分)	分值	自评	互评	师评
1	职业素养与操作规范	清查给定的图纸、图集、记录工具是否齐全,做好工作前准备	10	40			
		文字、图表作业应字迹工整、填写规范	10				
		不浪费材料且不损坏工具及设施	10				
		任务完成后,整齐摆放图纸、图集、工具书、记录工具、整理工作台面等	10				
2	柱构件钢筋工程量计算(所选柱构件无相应钢筋得满分)	柱基础插筋工程量计算正确	10	60			
		柱首层纵筋工程量计算正确	10				
		柱中间层纵筋工程量计算正确	10				
		柱顶层纵筋工程量计算正确	10				
		柱箍筋工程量计算正确	10				
		柱钢筋汇总结果正确	10				
	综合得分						
备注:综合得分=自评分×30%+互评分×40%+师评分×30%

任务单 3-3-2　柱构件钢筋软件翻样

(一)任务介绍

课前：学习柱构件新建、定义、绘制、查改标注等软件操作的视频，熟悉软件操作基本流程。

课中：完成钢筋软件翻样。

(二)任务实施

使用广联达 BIM 土建计量平台 GTJ2021 软件建立教师给定的工程项目案例中柱钢筋模型。

建模的顺序：

1. 新建柱构件，定义该构件，包括：柱名称、结构类型、截面宽度、截面高度、全部纵筋(或角筋、b 边一侧中部、h 边一侧中部筋)箍筋、混凝土强度等级、柱顶标高等。

2. 绘制柱构件，按照柱平面施工图，绘制柱构件。

任务单 3-3-2　成果评分表

序号	考核内容	评分标准	标准分 (100 分)	分值	自评	互评	师评
1	职业素养与操作规范	清查给定的资料是否齐全，检查计算机运行是否正常，检查软件运行是否正常，做好工作前准备	10	40			
		文字、图表作业应字迹工整、填写规范	10				
		不浪费材料且不损坏工具及设施	10				
		任务完成后，整齐摆放图纸、图集、工具书、记录工具、整理工作台面等	10				
2	柱构件的绘制	柱构件数量齐全，每缺一个构件扣 2 分，扣完为止	10	60			
		柱构件定义属性正确，每错一项扣 1 分，扣完为止	30				
		柱图元平面位置正确，每错一处扣 1 分，扣完为止	10				
		偏心柱图元位置正确，每错一处扣 1 分，扣完为止	10				
综合得分							
备注：综合得分＝自评分×30％＋互评分×40％＋师评分×30％							

学习情境 4　梁　构　件

任务 4.1　梁构件钢筋工程量的计算

4.1.1　梁构件钢筋平法识图

梁构件钢筋平法识图要点见图 3-4-1。

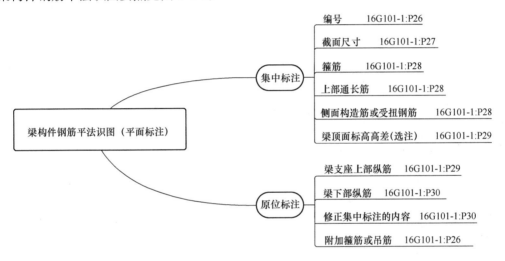

图 3-4-1　思维导图

1. 梁平法施工图表达方式（平面标注）

梁的平面标注包括集中标注与原位标注，集中标注表达梁的通用数值，原位标注表达梁的特殊数值。当集中标注中的某项数值不适用于梁的某部位时，则将该项数值原位标注，施工中，原位标注优先于集中标注。某梁平法标注如图 3-4-2 所示。

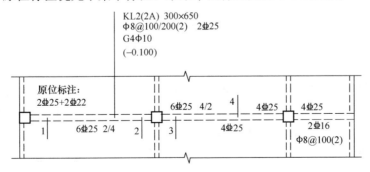

图 3-4-2　某梁平法标注

2. 梁构件集中标注

梁集中标注的内容，有五项必注值及一项选注值（集中标注可以从梁的任意一跨引出），必注值包括编号、截面尺寸、箍筋、上部通长筋或架立筋、侧部构造筋或受扭钢筋；选注值为梁顶面标高高差。

（1）梁编号

梁编号由梁类型代号、序号、跨数及有无悬挑梁代号几项组成。梁类型与相应的编号见表 3-4-1。

梁的类型与编号　　　　　　　　　　　　　　　　　　表 3-4-1

梁类型	代号	序号	跨数及是否带有悬挑
楼层框架梁	KL	××	(××)、(××A) 或 (××B)
楼层框架扁梁	KBL	××	(××)、(××A) 或 (××B)
屋面框架梁	WKL	××	(××)、(××A) 或 (××B)
框支梁	KZL	××	(××)、(××A) 或 (××B)
托柱转换梁	TZL	××	(××)、(××A) 或 (××B)
非框架梁	L	××	(××)、(××A) 或 (××B)
悬挑梁	XL	××	(××)、(××A) 或 (××B)
井字梁	JZL	××	(××)、(××A) 或 (××B)

注：(××A) 为一端有悬挑，(××B) 为两端有悬挑，悬挑不计入跨数。

【例 3-4-1】KL1 (2A) 表示第 1 号框架梁，2 跨，一端有悬挑；L7 (4B) 表示第 7 号非框架梁，4 跨，两端有悬挑。

（2）梁截面尺寸

1）当为等截面梁时，用 $b \times h$ 表示。

2）当为竖向加腋梁时，用 $b \times h Y_{c_1 \times c_2}$ 表示，其中 c_1 为腋长，c_2 为腋高（图 3-4-3）。

3）当为水平加腋梁时，一侧加腋时用 $b \times h PY_{c_1 \times c_2}$ 表示，其中 c_1 为腋长，c_2 为腋宽，加腋部位应在平面图中绘制（图 3-4-4）。

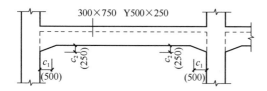

图 3-4-3　竖向加腋截面注写示意

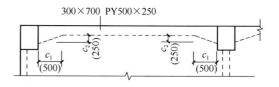

图 3-4-4　水平加腋截面注写示意

4）当有悬挑梁且根部和端部的高度不同时，用斜线分隔根部与端部的高度值，即为 $b \times h_1 / h_2$（图 3-4-5）。

（3）梁箍筋

梁箍筋，包括钢筋级别、直径、加密区与非加密区间距及肢数，该项为必注值。箍筋加密区与非加密区的不同间距及肢数需用斜线"/"分隔；当梁箍筋为同一种间距及肢数时，则不需用斜线；当加密区与非加密区的箍筋肢数相同时，则将肢数注写一次；箍筋肢数应写在括号内。

【例 3-4-2】$\Phi 10@100/150$（4），表示箍筋为 HPB300 钢筋，直径为 10，加密区

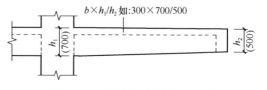

图 3-4-5　悬挑梁不等高截面示意

间距为 100，非加密区间距为 150，均为四肢箍。

Φ8@100（4）/200（2），表示箍筋为 HPB300 钢筋，直径为 8，加密区间距为 100，四肢箍；非加密区间距为 200，两肢箍。

非框架梁、悬挑梁、井字梁采用不同的箍筋间距及肢数时，也用斜线"/"将其分隔开来。注写时，先注写梁支座端部的箍筋（包括箍筋的箍数、钢筋级别、直径、间距与肢数），在斜线后注写梁跨中部分的箍筋间距及肢数。

【例 3-4-3】110Φ10@150/200（2），表示箍筋为 HPB300 钢筋，直径为 10；梁的两端各有 10 个双肢箍，间距为 150；梁跨中部分间距为 200，双肢箍。

（4）梁上下通长筋和架立筋

梁上部通长筋或架立筋配置（通长筋可为相同或不同直径采用搭接连接、机械连接或焊接的钢筋），该项为必注值。所注规格与根数应根据结构受力要求及箍筋肢数等构造要求而定。当同排纵筋中既有通长筋又有架立筋时，应用加号"＋"将通长筋和架立筋相连。注写时需将角部纵筋写在加号的前面，架立筋写在加号后面的括号内，以示不同直径及与通长筋的区别。当全部采用架立筋时，则将其写入括号内。

【例 3-4-4】2Φ18 用于双肢箍；2Φ20＋(4Φ12)用于六肢箍，其中 2Φ20 为通长筋，4Φ12 为架立筋。

当梁的上部纵筋和下部纵筋为全跨相同，且多数跨配筋相同时，此项可加注下部纵筋的配筋值，用分号"；"将上部与下部纵筋的配筋值分隔开来，少数跨不同者，以原位标注为准。

【例 3-4-5】3Φ24；3Φ20 表示梁的上部配置 3Φ24 的通长筋，梁的下部配置 3Φ20 的通长筋。

（5）梁侧面纵筋（构造腰筋及抗扭腰筋）

梁侧面纵向构造钢筋或受扭钢筋配置，该项为必注值。当梁腹板高度 $h_w \geq 450mm$ 时，需配置纵向构造钢筋，所注规格与根数应符合规范规定。此项注写值以大写字母 G 开头，接续注写设置在梁两个侧面的总配筋值，且对称配置。

【例 3-4-6】G4Φ14，表示梁的两个侧面共配置 4Φ14 的纵向构造钢筋，每侧各配置 2Φ14。

当梁侧面需配置受扭纵向钢筋时，此项注写值以大写字母 N 开头，接续注写配置在梁两个侧面的总配筋值，且对称配置。受扭纵向钢筋应满足梁侧面纵向构造钢筋的间距要求，且不再重复配置纵向构造钢筋。

【例 3-4-7】N6Φ22，表示梁的两个侧面共配置 6Φ22 的受扭纵向钢筋，每侧各配置 3Φ22。

需要注意的是：1）当为梁侧面构造钢筋时，其搭接与锚固长度可取为 $15d$。

2）当为梁侧面受扭纵向钢筋时，其搭接长度为 l 或 l_{lE}，锚固长度为 l 或 l_{aE}；其锚固方式同框架梁下部纵筋。

（6）梁顶面标高高差（选注）

梁顶面标高高差，该项为选注值梁顶面标高高差，系指相对于结构层楼面标高的高差值，对于位于结构夹层的梁，则指相对于结构夹层楼面标高的高差。有高差时，需将其写入括号内；无高差时不注。

需要注意的是：当某梁的顶面高于所在结构层的楼面标高时，其标高高差为正值，反之为负值。

【例 3-4-8】某结构标准层的楼面标高分别为 24.950m 和 28.250m，当这两个标准层中某梁的梁顶面标高高差注写为（－0.050）时，即表明该梁顶面标高分别相对于 24.950m 和 28.250m 低 0.05m。

3. 梁构件原位标注

梁原位标注的内容包括梁支座上部纵筋（该部位含通长筋在内所有纵筋）、梁下部纵筋、附加箍筋或吊筋、集中标注不适合于某跨时标注的数值。

（1）梁支座上部纵筋

该部位含通长筋在内的所有纵筋：

1）当上部纵筋多于一排时，用斜线"/"将各排纵筋自上而下分开。

【例 3-4-9】梁支座，上部纵筋注写为 6 ⏀ 25 4/2，则表示上一排纵筋为 4 ⏀ 25。下一排纵筋为 2 ⏀ 25。

2）当同排纵筋有两种直径时，用加号"＋"将两种直径的纵筋相连，注写时将角部纵筋写在前面。

【例 3-4-10】梁支座上部有四根纵筋，2 ⏀ 25 放在角部，2 ⏀ 22 放在中部，在梁支座上部应注写为 2 ⏀ 25＋2 ⏀ 22。

3）当梁中间支座两边的上部纵筋不同时，须在支座两边分别标注；

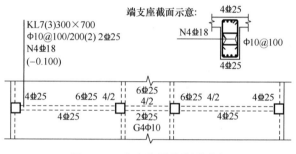

图 3-4-6　大小跨梁的注写示意

当梁中间支座两边的上部纵筋相同时，可仅在支座的一边标注配筋值，另一边省去不注（图 3-4-6）。

（2）梁支座下部纵筋

1）当下部纵筋多于一排时，用斜线"/"将各排纵筋自上而下分开。

【例 3-4-11】梁下部纵筋注写为 6 ⏀ 25 2/4，则表示上一排纵筋为 2 ⏀ 25，下一排纵筋为 4 ⏀ 25，全部伸入支座。

2）当同排纵筋有两种直径时，用加号"＋"将两种直径的纵筋相连，注写时角筋写在前面。

3）当梁下部纵筋不全部伸入支座时，将梁支座下部纵筋减少的数量写在括号内。

【例 3-4-12】梁下部纵筋注写为 6 ⏀ 25 2（－2）/4，则表示上排纵筋为 2 ⏀ 25，且不伸入支座；下一排纵筋为 4 ⏀ 25，全部伸入支座。梁下部纵筋注写为 2 ⏀ 25 ＋3 ⏀ 22（－3）/5 ⏀ 25，表示上排纵筋为 2 ⏀ 25 和 3 ⏀ 22，其中 3 ⏀ 22 不伸入支座；下一排纵筋为 5 ⏀ 25，全部伸入支座。

4）当梁的集中标注中已按规定分别注写了梁上部和下部均为通长的纵筋值时，则不需在梁下部重复做原位标注。

5）当梁设置竖向加腋时，加腋部位下部斜纵筋应在支座下部以 Y 打头注写在括号内（图 3-4-7），本图集中框架梁竖向加腋构造适用于加腋部位参与框架梁计算，其他情况设计者应另行给出构造。当梁设置水平加腋时，水平加腋内上、下部斜纵筋应在加腋支座上部以 Y 打头注写在括号内，上下部斜纵筋之间用"/"分隔（图 3-4-8）。

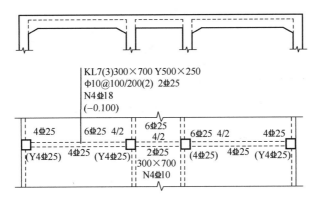

KL7(3)300×700 Y500×250
Φ10@100/200(2) 2Φ25
N4Φ18
(−0.100)

图 3-4-7　梁竖向加腋平面注写方式表达示例

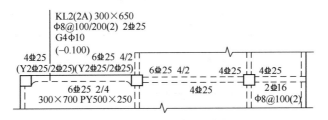

图 3-4-8　梁水平加腋平面注写方式表达示例

（3）当在梁上集中标注的内容（即梁截面尺寸、箍筋、上部通长筋或架立筋，梁侧面纵向构造钢筋或受扭纵向钢筋，以及梁顶面标高高差中的某一项或几项数值）不适用于某跨或某悬挑部分时，则将其不同数值原位标注在该跨或该悬挑部位，施工时应按原位标注数值取用。当在多跨梁的集中标注中已注明加腋，而该梁某跨的根部却不需要加腋时，则应在该跨原位标注等截面的 $b×h$，以修正集中标注中的加腋信息。

4. 吊筋、附加箍筋

附加箍筋或吊筋，将其直接画在平面图中的主梁上，用线引注总配筋值（附加箍筋的肢数注在括号内）（图 3-4-9）。当多数附加箍筋或吊筋相同时，可在梁平法施工图上统一注明，少数与统一注明值不同时，再原位引注。施工时应注意：附加箍筋或吊筋的几何尺寸应按照标准构造详图，结合其所在位置的主梁和次梁的截面尺寸而定。

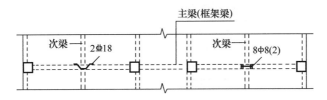

图 3-4-9　附加箍筋和吊筋的画法示例

4.1.2 梁构件钢筋工程量计算

1. 抗震楼层框架梁上部通长筋

抗震楼层框架梁上部通长筋工程量计算要点见图 3-4-10。

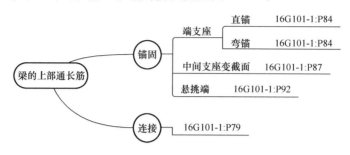

图 3-4-10　抗震楼层框架梁上部通长筋工程量计算要点

抗震楼层框架梁上部通长钢筋构造类型、构造详图及长度计算公式见表 3-4-2~表 3-4-4。

上部通长筋端支座　　　　　　　　　　　　　　表 3-4-2

构造类型	构造详图	长度计算公式
端支座直锚		$\max(l_{aE},\ 0.5h_c+5d)$
端支座弯锚		$h_c - c + 15d$ h_c：支座宽 c：保护层厚度
端支座加锚头（锚板）锚固		$\max(h_c-c, 0.4l_{abE})$

上部通长筋中间支座变截面　　　　　　　　　　　　　表 3-4-3

构造类型	构造详图	长度计算公式
$\Delta h/(h_c-50)$ $>1/6$	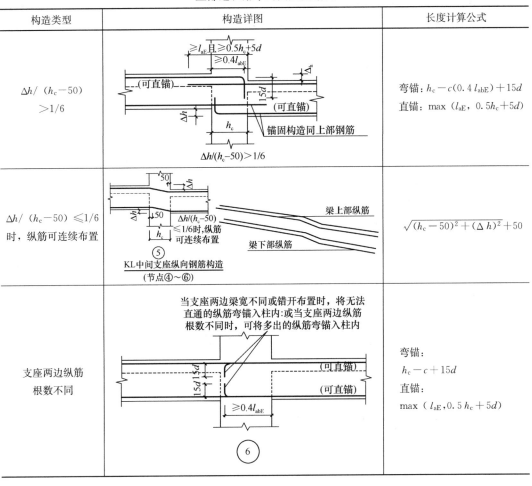	弯锚：$h_c-c(0.4\,l_{abE})+15d$ 直锚：$\max(l_{aE},\,0.5h_c+5d)$
$\Delta h/(h_c-50)\leqslant1/6$ 时，纵筋可连续布置		$\sqrt{(h_c-50)^2+(\Delta h)^2}+50$
支座两边纵筋根数不同		弯锚： $h_c-c+15d$ 直锚： $\max(l_{aE},\,0.5h_c+5d)$

上部通长筋悬挑端　　　　　　　　　　　　　表 3-4-4

构造类型	各类梁的悬挑端
构造详图	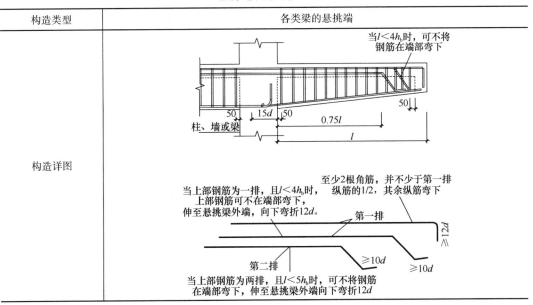

续表

构造类型	各类梁的悬挑端
长度计算公式	（1）上部第一排： 伸至末端钢筋的长度： $$15d+h_c-c+l-c+12d$$ 其余钢筋的长度（悬挑端不变截面）： $$15d+h_c-c+l-c+(h_b-2c)+\sqrt{2}(h_b-2c)$$ （2）上部第二排： $$15d+h_c-c+0.75l+\sqrt{2}(h_b-2c)+10$$

2. 抗震楼层框架梁下部钢筋

抗震楼层框架梁下部钢筋工程量计算要点见图 3-4-11。

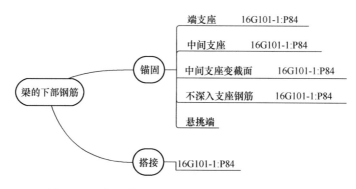

图 3-4-11　抗震楼层框架梁下部钢筋工程量计算要点

下部钢筋端支座要点同上部通长筋，其余部位构造类型、构造详图及长度计算公式见表 3-4-5～表 3-4-7。

下部钢筋中间支座　　　　　　　　　　　　表 3-4-5

构造类型	构造详图	长度计算公式
柱内锚固		$\max(l_{abE},0.5h_c+5d)$

续表

构造类型	构造详图	长度计算公式
节点外搭接	中间层中间节点 **梁下部筋在节点外搭接** （梁下部钢筋不能在柱内锚固时，可在节点外搭接。相邻跨钢筋直径不同时，搭接位置位于较小直径一跨）	$1.5h_0 + l_{lE}$ 其中：$h_0 = h_b - c - \dfrac{D_{小}}{2}$

下部不深入支座　　　　　　　表 3-4-6

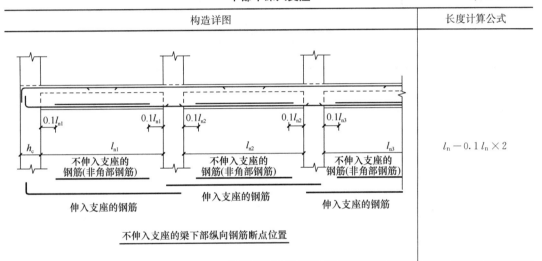

构造详图	长度计算公式
不伸入支座的梁下部纵向钢筋断点位置	$l_n - 0.1l_n \times 2$

悬挑端下部钢筋构造　　　　　　表 3-4-7

构造类型	构造详图	长度计算公式
—	柱、墙或梁　50｜15d｜50　0.75l　l ① 可用于中间层或屋面 15d　支座边缘线 当悬挑梁根部与框架梁梁底齐平时，底部相同直径的纵筋可拉通设置	$15d + l - c$

3.梁侧部钢筋

梁侧部钢筋工程量计算要点见图3-4-12。

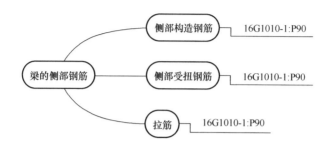

图 3-4-12　梁侧部钢筋工程量计算要点

梁侧部钢筋的结构类型、构造详图和长度计算公式见表3-4-8。

侧部构造钢筋的拉筋构造

表 3-4-8

构造类型	构造详图	长度计算公式
侧部构造钢筋（G）		梁侧面构造纵筋的搭接与锚固长度可取15d
侧部受扭钢筋（N）		梁侧面受扭纵筋的搭接长度为 l_l 或 l，其锚固长度为 l_{aE} 或 l_a，锚固方式同框架梁下部纵筋
拉筋		当梁宽<350时，拉筋直径为6；梁宽>350时，拉筋直径为8，拉筋间距为非加密区箍筋间距的2倍。当设有多排拉筋时，上下两排拉筋竖向错开设置

4.抗震楼层框架梁支座负筋

抗震楼层框架梁支座负筋构造类型、构造详图及长度计算公式见表3-4-9。

抗震楼层框架梁支座负筋　　　　　　　　　　表 3-4-9

构造类型	构造详图
一	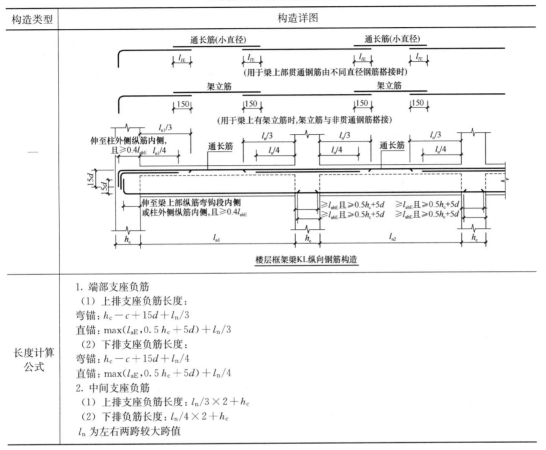 楼层框架梁KL纵向钢筋构造
长度计算公式	1. 端部支座负筋 　（1）上排支座负筋长度： 弯锚：$h_c - c + 15d + l_n/3$ 直锚：$\max(l_{aE}, 0.5 h_c + 5d) + l_n/3$ 　（2）下排支座负筋长度： 弯锚：$h_c - c + 15d + l_n/4$ 直锚：$\max(l_{aE}, 0.5 h_c + 5d) + l_n/4$ 2. 中间支座负筋 　（1）上排支座负筋长度：$l_n/3 \times 2 + h_c$ 　（2）下排负筋长度：$l_n/4 \times 2 + h_c$ 　l_n 为左右两跨较大跨值

5. 架立筋

架立筋构造详图、长度计算公式见表 3-4-10。

架立筋　　　　　　　　　　表 3-4-10

构造详图	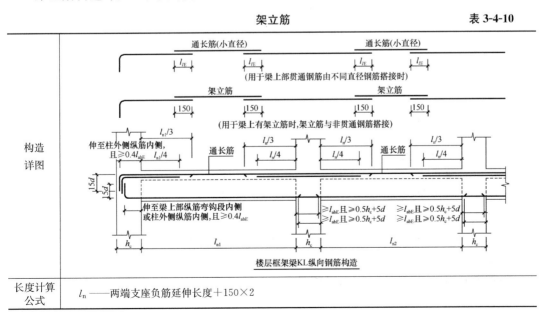 楼层框架梁KL纵向钢筋构造
长度计算公式	l_n——两端支座负筋延伸长度＋150×2

6. 箍筋

箍筋的构造类型、构造详图及长度计算公式见表 3-4-11。

箍筋　　　　　　　　　　　　　　　　　　　　　　表 3-4-11

构造类型	构造详图	长度计算公式
2×2		$(b-2c+h-2c)\times2+[1.9d+\max(10d,75)]\times2$
3×3		外箍 $=(b-2c+h-2c)\times2+[1.9d+\max(10d,75)]$ $\times2$ 横向一字型箍 $=b-2c+[1.9d+\max(10d,75)]\times2$
4×3		外箍 $=(b-2c+h-2c)\times2+[1.9d+\max(10d,75)]$ $\times2$ 内矩形箍 $=[(b-2c-2d-D)/3+D+2d+(h-2c)]$ $\times2+[1.9d+\max(10d,75)]\times2$ 横向一字型箍 $=b-2c+[1.9d+\max(10d,75)]\times2$
箍筋根数	加密区:抗震等级为一级: $\geq2.0h_b$ 且 ≥500 抗震等级为二-四级: $\geq1.5h_b$ 且 ≥500 框架梁KL,WKL箍筋加密区范围(一) (弧形梁沿梁中心线展开,箍筋间距 沿凸面线量度。h_b 为梁截面高度)	
长度计算 公式	一级抗震: 一段加密区根数: $[\max(2.0h_b;500)-50]/s$ 加密 $+1$ 非加密区根数: $[l_n-\max(2.0h_b;500)\times2]/s-1$ 二~四级抗震: 一段加密区根数: $[\max(1.5h_b;500)-50]/s$ 加密 $+1$ 非加密区根数: $[l_n-\max(1.5h_b;500)\times2]/s-1$	

7. 附加箍筋

附加箍筋构造详图、长度计算公式见表 3-4-12。

附加箍筋　　　　　　　　　　　　　　　　　　　表 3-4-12

构造详图	长度计算公式
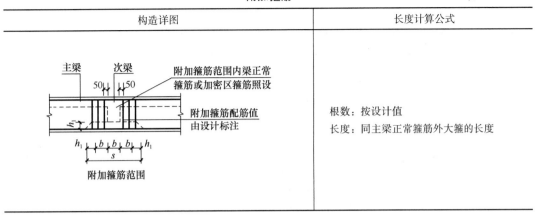	根数：按设计值 长度：同主梁正常箍筋外大箍的长度

8. 附加吊筋

附加吊筋的构造详图、长度计算公式见表 3-4-13。

附加吊筋　　　　　　　　　　　　　　　　　　　表 3-4-13

构造详图	长度计算公式
主梁　次梁　吊筋直径、根数由设计标注　20d　≤800(>800)　45°(60°)　50↦b↤50	1. 根数：按设计值。 2. 长度： （1）45°弯起： $$b+50\times2+20d\times2+\sqrt{2}(h_b-2c)\times2$$ （2）60°弯起： $$b+50\times2+20d\times2+\frac{2\sqrt{3}}{3}(h_b-2c)\times2$$

9. 计算实例（选取典型构件）

计算附图"学校食堂三层梁平法施工图中 KL4"的钢筋工程量（图纸见结施 13）。

（1）计算参数

钢筋计算参数见表 3-4-14。

钢筋计算参数　　　　　　　　　　　　　　　　　表 3-4-14

参数明细	参数值	数据来源
抗震等级	三级	结构设计说明（结施 图1）
柱保护层厚度 c	20mm	结构设计说明（结施 图1）
梁保护层厚度 c	20mm	结构设计说明（结施 图1）
梁混凝土强度等级	C30	三层梁平法施工图（结施 图13）
钢筋定尺长度	9000	参照湖南省消耗量标准

（2）钢筋计算过程（表 3-4-15）

钢筋计算过程　　　　　　　　　　　　　　　　　表 3-4-15

钢　　筋		计算过程
	上部通长筋 2 $\underline{\Phi}$ 25	（1）判断端支座锚固方式： 左右端支座 $600 < l_{aE} = 37 \times d = 37 \times 25 = 925 \text{mm}$ 因此在端支座内弯锚。 （2）左端支座的锚固长度 端支座的锚固长度 $= h_c - c + 15d$ 　　　　　　　　　　$= 600 - 20 + 15 \times 25 = 955 \text{mm}$ （3）右端支座的锚固长度 同左端支座 $= 955 \text{mm}$ （4）单根上部通长筋长度 　$=$ 净跨长 $+$ 两端支座的锚固长度 　$= 26800 - 300 - 500 + 2 \times 955 = 27910 \text{mm}$
上部钢筋	上部通长筋总长 $= 27910 \times 2 = 55820 \text{mm}$	
	支座负筋	（1）Ⓐ轴线端支座负筋 1 $\underline{\Phi}$ 25 端支座锚固同上部通长筋 855，跨内延伸长度 $l_n/3$。 支座负筋的单根长度： $= 955 + (4600 + 4500 - 300 - 300)/3 = 3788 \text{mm}$ （2）Ⓑ轴线中间支座负筋 第一排支座负筋 2 $\underline{\Phi}$ 25 的单根长度： $= 2 \times l_n/3 + h_c = 2 \times (4600 + 4500 - 300 - 300)/3 + 600 = 6266 \text{mm}$ （注：l_n 取值：端支座为该跨净跨值，中间支座为支座两边较大跨的净跨值。） 第二排支座负筋 2 $\underline{\Phi}$ 20 的单根长度 $= 2 \times l_n/4 + h_c = 2 \times (4600 + 4500 - 300 - 300)/4 + 600 = 4850 \text{mm}$ （3）Ⓒ轴线中间支座负筋 第一排支座负筋 2 $\underline{\Phi}$ 25 的单根长度 $= 2 \times l_n/3 + h_c = 2 \times (2400 + 3600 + 3300 - 325 - 500)/3 + 650 = 6300 \text{mm}$ （注：l_n 取值：端支座为该跨净跨值，中间支座为支座两边较大跨的净跨值。） 第二排支座负筋 4 $\underline{\Phi}$ 25 的单根长度 $= 2 \times l_n/4 + h_c = 2 \times (2400 + 3600 + 3300 - 3350 - 500)/4 + 650 = 3375 \text{mm}$ （4）Ⓗ轴线端支座负筋 第一排支座负筋 2 $\underline{\Phi}$ 25：端支座锚固同上部通长筋 855，跨内延伸长度 $l_n/3$。 支座负筋的单根长度： $= 8955 + (2400 + 3600 + 3300 - 325 - 500)/3 = 3780 \text{mm}$ 第二排支座负筋 2 $\underline{\Phi}$ 20：端支座锚固同上部通长筋 855，跨内延伸长度 $l_n/4$。 支座负筋的单根长度 $= 955 + (2400 + 3600 + 3300 - 325 - 500)/4 = 3073.75 \text{mm}$

钢　　筋		计算过程
	支座负筋总长度： Φ25 总长度＝3788×1＋6266×2＋6300×2＋4888×4＋3780×2＝56032mm＝56.03m Φ20 总长度＝4850×2＋2999×2＝15698mm＝15.7m	
下部钢筋	第一跨下部钢筋 6Φ20	（1）计算端支座锚固长度 左端支座 500＜l_{aE}＝37×d＝37×20＝740mm 锚固长度＝h_c－c＋15d 　　　　　＝600－20＋15×20＝880mm （2）计算中间支座Ⓑ轴处锚固长度 锚固长度＝max（l_{aE}，0.5h_c＋5d） 　　　　　＝max（37×20，0.5×600＋5×20）＝740mm （3）单根长度 单根长度＝净跨长＋端支座锚固长度＋中间支座锚固长度 　　　　　＝（4600＋4500－300－300）＋780＋740＝10120mm
	第二跨下部钢筋 3Φ25	（1）计算中间支座锚固长度 锚固长度 ＝ max(l_{aE},0.5h_c＋5d) 　　　　　＝ max(37×25,0.5×600＋5×25)＝925mm （2）单根长度 单根长度＝净跨长＋2×中间支座锚固长度 　　　　　＝（4500＋3900－300－325）＋2×925＝9625mm
	第三跨下部钢筋 8Φ25 3/5	（1）计算端支座锚固长度 右端支座 500＜l_{aE}＝37×d＝37×25＝925mm 锚固长度＝h_c－c＋15d 　　　　　＝600－20＋15×25＝955(mm) （2）计算中间支座Ⓓ轴处锚固长度 锚固长度＝max（l_{aE}，0.5h_c＋5d） 　　　　　＝max(37×25，0.5×600＋5×25)＝925mm （3）单根长度 单根长度＝净跨长＋端支座锚固长度＋中间支座锚固长度 　　　　　＝(2400＋3600＋3300－325－500)＋955＋925＝10355mm
	下部钢筋总长度＝10120×6＋9625×3＋10355×8＝172435mm＝172.44m	
构造钢筋	G6Φ12	单根长度 ＝ 净跨长＋2×15d＝（26800－300－500）＋2×15×12 ＝26300mm
	构造钢筋 G6Φ12 总长度：26300×4＝105200mm＝105.2m	

钢　　筋		计算过程
箍筋	第一、二跨 Φ8@100/200(2)	(1)箍筋长度 双肢箍单根长度=$(b-2c+h-2c)\times2+[1.9d+\max(10d, 75)]\times2$ $\qquad=(300-2\times20+900-2\times20)\times2+[1.9\times8+\max(10\times8, 75)]\times2$ $\qquad=2430$mm (2)箍筋根数 1)第一跨 一端加密区根数=(加密区长度-起步距离)/间距+1 $\qquad=[\max(2.0h_b；500-50)]/100+1$ $\qquad=[\max(2.0\times900；500-50)]/100+1$ $\qquad=19$根 非加密区根数=$(l_{ni}-$加密区长度$\times2)/$间距-1 $\qquad=(4600+4500-300-300-1800\times2)/200-1$ $\qquad=24$根 第一跨总根数=$19\times2+24=62$根 2)第二跨 一端加密区根数=(加密区长度-起步距离)/间距+1 $\qquad=[\max(2.0h_b；500-50)]/100+1$ $\qquad=[\max(2.0\times900；500-50)]/100+1$ $\qquad=19$根 非加密区根数=$(l_{ni}-$加密区长度$\times2)/$间距-1 $\qquad=(2800+2800+2800-300-325-1800\times2)/200-1$ $\qquad=20$根 第一跨总根数=$19\times2+20=58$根 (3)Φ8箍筋总长度 $\qquad=(62+58)\times2430=291600mm=291.6$m
	第三跨 Φ12@100/150(2)	(1)箍筋长度 双肢箍单根长度=$(b-2c+h-2c)\times2+[1.9d+\max(10d, 75)]\times2$ $\qquad=(300-2\times20+900-2\times20)\times2+[1.9\times12+\max(10\times12, 75)]\times2$ $\qquad=2526$mm (2)箍筋根数 一端加密区根数=(加密区长度-起步距离)/间距+1 $\qquad=[\max(2.0h_b；500-50)]/100+1$ $\qquad=[\max(2.0\times900；500-50)]/100+1$ $\qquad=19$根 非加密区根数=$(l_{ni}-$加密区长度$\times2)/$间距-1 $\qquad=(2400+3600+3300-325-500-1800\times2)/150-1$ $\qquad=32$根 总根数=$19\times2+32=70$根 (3)Φ12箍筋总长度=$70\times2526=176820$mm$=176.82$m

钢　　筋		计算过程
拉筋	第一、二跨 Φ 6@400	梁宽＝300mm＜350mm，拉筋直径为6mm，间距为非加密区箍筋间距的2倍，为400mm。 (1) 单根拉筋长度 $(b-2c)+[1.9d+\max(10d,75)]\times 2$ $\quad=(300-2\times 20)+[1.9\times 6+\max(10\times 6,75)]\times 2$ $\quad=433\text{mm}$ (2) 根数 第一跨根数＝(4600＋4500－300－300－50－50)/400＋1＝22 根 第二跨根数＝(2800＋2800＋2800－300－325－50－50)/400＋1＝20 根
	第三跨 Φ 6@300	梁宽＝300mm＜350mm，拉筋直径为6mm，间距为非加密区箍筋间距的2倍，为300mm。 (1) 单根拉筋长度 $(b-2c)+[1.9d+\max(10d,75)]\times 2$ $\quad=(300-2\times 20)+[1.9\times 6+\max(10\times 6,75)]\times 2$ $\quad=433\text{mm}$ (2) 根数 第三跨根数＝(2400＋3600＋3300－325－500－50－50)/300＋1＝28 根
Φ 6拉筋总长度＝433×(22＋20＋28)＝30310mm＝30.31m		
吊筋 2 Φ 16		单根吊筋长度： $$h_b=900\text{mm}>800\text{mm}$$ $60°$ 弯起：$b+50\times 2+20d\times 2+\dfrac{2\sqrt{3}}{3}(h_b-2c)\times 2$ $$=250+50\times 2+20\times 16\times 2+2+\dfrac{2\sqrt{3}}{3}(900-2\times 20)\times 2$$ $$=3056\text{mm}$$ 吊筋总长度＝2×2×3056＝12224mm＝12.24m
附加箍筋		(1) 第一、二跨Φ 8单根长度 双肢箍单根长度 $=(b-2c+h-2c)\times 2+[1.9d+\max(10d,75)]\times 2$ $\quad=(300-2\times 20+900-2\times 20)\times 2+[1.9\times 8+\max(10\times 8,75)]\times 2$ $\quad=2430\text{mm}$ (2) 第一、二跨Φ 8总长度＝8×2430＝19440＝19.44m (3) 第三跨Φ 12单根长度 双肢箍单根长度＝$(b-2c+h-2c)\times 2+[1.9d+\max(10d,75)]\times 2$ $\quad=(300-2\times 20+900-2\times 20)\times 2+[1.9\times 12+\max(10\times 12,75)]\times 2$ $\quad=2526\text{mm}$ (4) 第三跨Φ 12总长度＝10×2526＝25260mm＝25.25m

任务 4.2　梁构件的绘制

在广联达 BIM 土建计量平台 GTJ2021 软件中，完成框架柱的绘制以后，就可以布置各种梁了。阅读施工图时，重点应放在识读梁的截面尺寸和梁顶标高上，画图时要注意梁与柱的相对位置。

绘制梁构件的几个技巧：

（1）绘制之前检查柱等支座构件确定已经绘制完毕。

（2）绘制时可先绘制横向的梁，绘制完横向梁后可以点击屏幕旋转→顺时针旋转 90°，如图 3-4-13 所示，绘制竖向的梁→绘制完毕点击屏幕旋转→恢复初始图，以帮助快速绘制。

下面以二层框架梁为例，具体讲解框架梁绘制方法。

梁构件的手工绘制

图 3-4-13　梁的旋转

1. 定义梁构件属性信息

单击"导航树"中→单击"梁"前面的 使其展开→双击 梁(L) →单击构件列表下的 新建 →单击"新建矩形梁"，新建"KL9（4）"。重复操作建立其他框架梁（除 KL9 外），仔细阅读二层梁平法施工图，分别填写属性（图 3-4-14）。

2. 绘制梁构件

绘制梁构件的命令常用的有直线、三点画弧等。具体操作过程为：

（1）直线 直线。选择要绘制的梁构件→点击绘制的起点→点击绘制的终点→点击鼠标右键确定结束。

（2）三点画弧 具体操作过程。选择梁构件→点击圆弧梁的起点→点击在弧线上的中间任何→点击圆弧梁的终点→点击鼠标右键确定结束。

	属性列表		
	属性名称	属性值	附加
1	名称	KL9（4）	
2	结构类别	楼层框架梁	☐
3	跨数量	4	☐
4	截面宽度(mm)	300	☐
5	截面高度(mm)	900	☐
6	轴线距梁左边…	(150)	☐
7	箍筋	Φ8@100/200(2)	☐
8	肢数	2	
9	上部通长筋	2Φ25	☐
10	下部通长筋		☐
11	侧面构造或受…	G6Φ12	☐
12	拉筋	(Φ6)	
13	定额类别	单梁	☐
14	材质	现浇混凝土	☐
15	混凝土类型	(泵送砼(坍落度175~190…	☐
16	混凝土强度等级	(C25)	☐
17	混凝土外加剂	(无)	
18	泵送类型	(混凝土泵)	

图 3-4-14　梁构件属性的定义

双击"构件列表"下的 KL9 (4) 或关闭"定义"对话框，软件切换到画图状态，单击"建模"选项板,切换到建模界面→单击"绘图"面板中的"直线"按钮→单击①、⑭轴相交点→单击⑨、⑭轴相交点→单击鼠标右键结束命令。采用同样方法画出其他(除KL9 外)框架梁。

3. 提取梁跨

选择绘制好的梁构件→右键选择重提梁跨。梁跨如果不正确需要"删除支座"和"设置支座"。

4. 输入原位标注

(1) 在图上原位标注

以 KL9 为例,单击"梁二次编辑" 内"原位标注"→单击选中 KL9,这时 KL9 上下两边出现很多可输入梁内配筋的文本框,通过 Enter 键调整输入 KL9 钢筋,输入完毕后单击鼠标右键确认,KL9 由粉红色变为绿色,这时软件才能计算梁内配筋,如图 3-4-15所示。

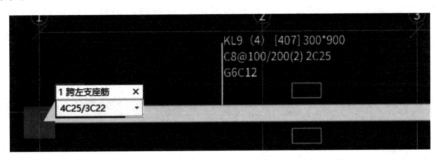

图 3-4-15　图上原位标注

当两根梁的名称及内部配筋完全一样时,可以对第一根梁进行原位标注,然后单击鼠标右键,单击"应用到同名梁(W)"按钮,单击鼠标右键,这时软件显示"＊道同名梁应用成功"。采用同样方法填写其他(除 KL9 外)框架梁原位标注配筋。

(2) 梁平法表格标注

修改 KL9:单击"梁二次编辑" 内"平法表格"→单击选中 KL9,如图 3-4-16所示,在黑色绘图区下面梁平法表格里输入各跨梁钢筋。改完后,在绘图区单击鼠标右键,单击"取消(A)"按钮。

输入附加箍筋及吊筋信息:梁平法表格中输入。

位置	名称	跨号	侧面钢筋		箍筋	肢数	次梁宽度	次梁加筋	吊筋	吊筋锚固	箍筋加密长度
			侧面原位标注筋	拉筋							
<7,A +300;7,F-500>	KL4 (3)	1		(Φ6)	Φ8@100/2		250	12Φ8	2Φ18	20*d	max(1.5*h,500)
		2		(Φ6)	Φ8@100/2			12Φ8			max(1.5*h,500)
		3		(Φ6)	Φ12@100/2			18Φ18			max(1.5*h,500)

图 3-4-16　梁平法表格标注

5. 汇总计算

汇总计算单击"工程量"选项板,击"汇总计算"按钮,弹出"汇总计算"对话框,如图 3-4-17 所示。分别勾选"钢筋计算""表格输入",单击"确定"按钮,软件开始计算。计算完成后弹出"计算汇总"对话框,如图 3-4-18 所示。

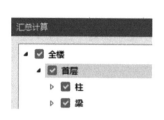

图 3-4-17　汇总计算

图 3-4-18　计算完成

6. 查看钢筋工程量

鼠标左键框选所有框架梁,单击"钢筋计算结果"面板里的"查看钢筋量",框架梁钢筋工程量明细如图 3-4-19 所示。如果要查看单根梁的钢筋形状、计算长度数量等,则需要单击"钢筋计算结果"面板中的"编辑钢筋"按钮,单击选择要查看的框架梁,软件在绘图区下部弹出该梁的"编辑钢筋"对话框。例如单击选择 H 轴线上的 KL9,则该区域 KL9 的配筋计算如图 3-4-20 所示。

查看钢筋量

📄 导出到Excel

钢筋总重量 (Kg):1384.881

楼层名称	构件名称	钢筋总重量 (kg)	HPB300		HRB400					
			6	合计	8	12	18	22	25	合计
1 首层	KL9 (4) [407]	1384.881	26.226	26.226	222.515	205.02	16.134	278.139	636.847	1358.655
2	合计:	1384.881	26.226	26.226	222.515	205.02	16.134	278.139	636.847	1358.655

图 3-4-19　框架梁钢筋工程量明细

编辑钢筋

|< < > >| ⬆ ⬇ 🔲 插入 ✕ 删除 🔲 缩尺配筋 🔲 钢筋信息 🔲 钢筋图库 🔲 其他 ▾ 单构件钢筋总重(kg):1384.881

筋号	直径(mm)	级别	图号	图形	计算公式	公式描述	长度	根数	搭接	损耗(%)	单重(kg)	总重(kg)
1	1跨.上通长筋1	25	Φ	64	375 ⌐ 38550 ¬ 375	600-25+15*d +37400+600-25+15*d	支座宽-保护层←	39300	2	4	0	151.305	302.61
2	1跨.左支座筋1	25	Φ	18	375 ⌐ 3808	600-25+15*d+9700/3	支座宽-保护层←	4183	2	0	0	16.105	32.21
3	1跨.左支座筋3	22	Φ	18	330 ⌐ 3000	600-25+15*d+9700/4	支座宽-保护层←	3330	3	0	0	9.923	29.769
4	1跨.右支座筋1	25	Φ	1	7066	9700/3+600+9700/3	搭接+支座宽+搭接	7066	2	0	0	27.204	54.408
5	1跨.右支座筋3	25	Φ	1	5450	9700/4+600+9700/4	搭接+支座宽+搭接	5450	3	0	0	20.983	62.949
6	1跨.侧面构造通长筋1	12	Φ	1	37760	15*d+37400+15*d	锚固+净长+锚固	37760	6	720	0	34.17	205.02
7	2跨.右支座筋1	25	Φ	1	6200	8400/3+600+6400/3	搭接+支座宽+搭接	6200	1	0	0	23.87	23.87

图 3-4-20　配筋计算

7. 查看梁内钢筋立体图

单击"钢筋计算结果"面板里的"钢筋三维"按钮→单击 H 轴上的 KL9→单击绘图

区右侧  下面的箭头→单击"西南等轴测"按钮，软件显示 KL9 内部的钢筋轴测图，如图 3-4-21 所示。选择"钢筋显示控制面板"中的不同，项，绘图区将显示梁内不同类型的钢筋。

　　单击绘图区右侧 ⚫（动态观察）按钮，调整任意角度来观察钢筋形式。最后单击 图（或按 Ctrl＋Enter 键）返回二维平面俯视图。

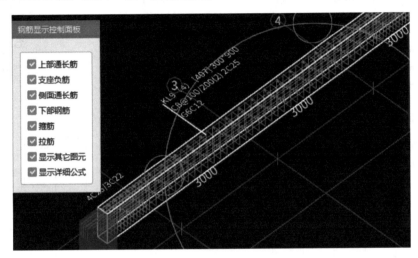

图 3-4-21　KL9 内部钢筋轴测图

学习笔记

任务单 3-4-1　梁构件钢筋工程量计算

（一）任务介绍

　　每三人为一个小组，通过学习梁构件钢筋算量模块的知识内容，结合任务指导中的相关说明，完成教师给定的案例工程项目平法施工图中任意一根梁构件钢筋工程量计算任务。

（二）任务实施

　　根据钢筋计算表格示例格式计算以下钢筋的工程量（如无，可不填写）。

　　1. 计算梁上下部通长钢筋工程量；

　　2. 计算支座筋、架立筋工程量；

　　3. 计算箍筋及拉筋工程量；

　　4. 计算侧面筋工程量；

　　5. 计算吊筋及附加箍筋工程量。

学习情境4 案例图纸

钢筋手算表格

构件名称	钢筋名称	钢筋级别	钢筋直径	钢筋图样	根数	单根长度计算式	单根长度（m）	单重（kg）	总重量（kg）

　　备注：（1）暂不考虑钢筋连接，如发生钢筋连接，需考虑钢筋连接方式（搭接长度或焊接、机械连接个数）。

　　　　　（2）如梁没有此类钢筋，在表格中填"无"。

任务单 3-4-1　成果评分表

序号	考核内容	评分标准	标准分（100分）	分值	自评	互评	师评
1	职业素养与操作规范	清查给定的图纸、图集、记录工具是否齐全，做好工作前准备	10	40			
		文字、图表作业应字迹工整、填写规范	10				
		不浪费材料且不损坏工具及设施	10				
		任务完成后，整齐摆放图纸、图集、工具书、记录工具、整理工作台面等	10				
2	梁构件钢筋工程量计算（所选梁构件无相应钢筋得满分）	上部通长筋工程量计算正确	10	60			
		梁下部通长筋工程量计算正确	10				
		支座筋、架立筋工程量计算正确	10				
		箍筋及拉筋工程量计算正确	10				
		侧面筋工程量计算正确	10				
		吊筋及附加箍筋工程量计算正确	10				
综合得分							
备注：综合得分＝自评分×30％＋互评分×40％＋师评分×30％							

任务单 3-4-2　梁构件钢筋软件翻样

（一）任务介绍

　　课前：学习梁构件新建、定义、绘制、原位标注等软件操作的视频，熟悉软件操作基本流程。

　　课中：完成钢筋软件翻样。

（二）任务实施

　　使用广联达 BIM 土建计量平台 GTJ2021 软件建立教师给定的案例工程项目中指定梁的钢筋模型。

　　建模的顺序：

　　1. 新建梁构件，定义该构件，包括：梁名称、结构类型、截面宽度、截面高度、箍筋、上部纵筋、下部纵筋、侧面纵筋、拉筋、混凝土强度等级、梁顶标高，共 11 项属性。

　　2. 绘制梁构件，按照梁平面施工图，绘制梁构件。

　　注意：一根梁从起点一次性画到终点，不要打断；梁的平面位置要与图纸一模一样；原位标注梁，按照梁平面施工图，对图中梁原位标准的地方进行注写。

任务单 3-4-2　成果评分表

序号	考核内容	评分标准	标准分（100 分）	分值	自评	互评	师评
1	职业素养与操作规范	清查给定的资料是否齐全，检查计算机运行是否正常，检查软件运行是否正常，做好工作前准备	10	40			
		文字、图表作业应字迹工整、填写规范	10				
		不浪费材料和不损坏工具及设施	10				
		任务完成后，整齐摆放图纸、图集、工具书、记录工具、整理工作台面等	10				
2	梁构件的绘制	梁构件数量齐全，每缺一个构件扣 2 分，扣完为止	10	60			
		梁构件定义属性正确，每错一项扣 1 分，扣完为止	20				
		梁构件平面位置正确，每错一处扣 1 分，扣完为止	10				
		梁构件原位标注正确，每错一处扣 1 分，扣完为止	20				
	综合得分						
备注：综合得分＝自评分×30％＋互评分×40％＋师评分×30％							

学习情境 5　墙　构　件

·任务 5.1　墙构件钢筋工程量的计算

5.1.1　墙构件钢筋平法识图

1. 墙平法施工图表达方式（列表注写）

剪力墙可视为由剪力墙柱、剪力墙身和剪力墙梁三类构件构成。列表注写方式，系分别在剪力墙柱表、剪力墙身表和剪力墙梁表中，对应于剪力墙平面布置图上的编号，用绘制截面配筋图并注写几何尺寸与配筋具体数值的方式，来表达剪力墙平法施工图。某剪力墙列表注写见表 3-5-1～表 3-5-3。

剪力墙柱表 表 3-5-1

截面				
编号	YBZ1	YBZ2	YBZ3	YBZ4
标高	−0.030～12.270	−0.030～12.270	−0.030～12.270	−0.030～12.270
纵筋	24 Φ 20	22 Φ 20	18 Φ 22	20 Φ 20
箍筋	Φ 10@100	Φ 10@100	Φ 10@100	Φ 10@100

剪力墙身表 表 3-5-2

编号	标高	墙厚	水平分布筋	垂直分布筋	拉筋（矩形）
Q1	−0.5～19.9	250	Φ 12@200	Φ 12@200	Φ 6@400@400
Q2	−0.5～19.9	200	Φ 10@200	Φ 10@200	Φ 6@400@400

剪力墙梁表 表 3-5-3

编号	所在楼层	梁顶相对 标高高差	墙面尺寸 （$b \times h$）	上部纵筋	下部纵筋	箍筋
LL-1	2 层	0.000	250×1200	4 Φ 18	4 Φ 20	Φ 8@100（2）

（1）剪力墙柱表

1）编号。墙柱编号由墙柱类型代号和序号组成，表达形式应符合表 3-5-4 的规定，绘制该墙柱的截面配筋图，标注墙柱几何尺寸。

墙柱编号 表 3-5-4

墙柱类型	代号	序号
约束边缘构件	YBZ	××
构造边缘构件	GBZ	××
非边缘暗柱	AZ	××
扶壁柱	FBZ	××

2）标高。注写各段墙柱的起止标高，自墙柱根部往上以变截面位置或截面未变但配筋改变处为界分段注写。墙柱根部标高一般指基础顶面标高（部分框支剪力墙结构则为框支梁顶面标高）。

3）配筋。注写各段墙柱的纵向钢筋和箍筋，注写值应与在表中绘制的截面配筋图对应一致。纵向配筋注写总配筋值；墙柱箍筋的注写方式与柱箍筋相同。

（2）剪力墙身表

1）编号。墙身编号，由墙身代号、序号以及墙身所配置的水平与竖向分布钢筋的排数组成，其中排数注写在括号内。表达形式为：Q××（××排）。

2）标高。注写各段墙身起止标高，自墙身根部往上以变截面位置或截面未变但配筋改变处为界分段注写。墙身根部标高一般指基础顶面标高（部分框支剪力墙结构则为框支梁的顶面标高）。

3）配筋。注写水平分布钢筋、竖向分布钢筋和拉结筋的具体数值。注写数值为一排水平分布钢筋和竖向分布钢筋的规格与间距，具体设置几排已经在墙身编号后面表达。

（3）剪力墙梁表

1）编号。墙梁编号，由墙梁类型代号和序号组成，表达形式应符合表 3-5-5 的规定。

墙梁编号 表 3-5-5

墙梁类型	代号	序号
连续	LL	××
连梁（对角暗撑配筋）	LL（JC）	××
连梁（交叉斜筋配筋）	LL（JX）	××
连梁（集中对角斜筋配筋）	LL（DX）	××
连梁（跨高比不小于 5）	LLk	××
暗梁	AL	××
边框梁	BKL	××

2）注写墙梁所在楼层号。

3）注写墙梁顶面标高高差，系指相对于墙梁所在结构层楼层标高的高差值。高于者为正值，低于者为负值，当无高差时不注。

4）注写墙梁截面尺寸 $b \times h$，上部纵筋、下部纵筋和箍筋的具体数值。

5）当连梁设有对角暗撑时［代号为 LL（JC）××］，注写暗撑的截面尺寸（箍筋外皮尺寸）；注写一根暗撑的全部纵筋，并标注×2表明有两根暗撑相互交叉；注写暗撑箍筋的具体数值。

6）当连梁设有交叉斜筋时［代号为 LL (JC) ××］，注写连梁一侧对角斜筋的配筋值，并标注×2表明对称设置；注写对角斜筋在连梁端部设置的拉筋根数、强度级别及直径，并标注×4表示四个角都设置；注写连梁一侧折线筋配筋值，并标注×2表明对称设置。

7）当连梁设有集中对角斜筋时［代号为 LL (DX) ××］，注写一条对角线上的对角斜筋，并标注×2表明对称设置。

8）跨高比不小于5的连梁，按框架梁设计时（代号为 LLK××），采用平面注写方式，注写规则同框架梁，可采用适当比例单独绘制，也可与剪力墙平法施工图合并绘制。

2. 墙平法施工图表达方式（截面注写）

截面注写方式，系在分标注层绘制的剪力墙平面布置图上，以直接在墙柱、墙身、墙梁上注写截面尺寸和配筋具体数值的方式来表达剪力墙平法施工图，如图 3-5-1 所示。

墙柱、墙身、墙梁的截面注写方式编号同列表注写方式，并分别在相同编号的墙柱、墙身、墙梁中悬着一根墙柱、一道墙身、一根墙梁进行注写，其注写方式按以下规定进行：

1）从相同编号的墙柱中选择一个截面，注明几何尺寸，标注全部纵筋及箍筋的具体数值。

2）从相同编号的墙身中选择一道墙身，按顺序引注的内容为：墙身编号（应包括注写在括号内墙身所配置的水平与竖向分别钢筋的排数）、墙厚尺寸，水平分布钢筋、竖向分布钢筋和拉筋的具体数值。

3）从相同编号的墙梁中选择一根墙梁，按顺序引注的内容为：

① 注写墙梁编号、墙梁截面尺寸 $b×h$、墙梁箍筋、上部纵筋、下部纵筋和墙梁顶面标高高差的具体数值。

② 当连梁设有对角暗撑、交叉斜筋、集中对角斜筋及跨高比不小于5的连梁，注写规则同列表注写。

当墙身水平分布钢筋不能满足连梁、暗梁及边框梁的梁侧面纵向构造钢筋的要求时，应补充注明梁侧面纵筋的具体数值；注写时，以大写字母 N 开头，接续注写直径与间距。并在支座内的锚固要求同连梁中受力钢筋。

【例 3-5-1】N⚎12@200，表示墙梁两个侧面纵筋对称配置，强度级别为 HRB400，钢筋直径为10，间距为200。

3. 剪力墙洞口的表示方法

无论采用列表注写方式还是截面注写方式，剪力墙上的洞口均可在剪力墙平面布置图上原为表达。

（1）在剪力墙平面布置图上绘制洞口示意，并标注洞口中心的平面定位尺寸。

（2）在洞口中心位置引注

1）洞口编号。矩形洞口为 JD××（××为序号），圆形洞口为 YD××（××为序号）。

2）洞口几何尺寸。矩形洞口为洞宽×洞高（$b×h$），圆形洞口为洞口直径 D。

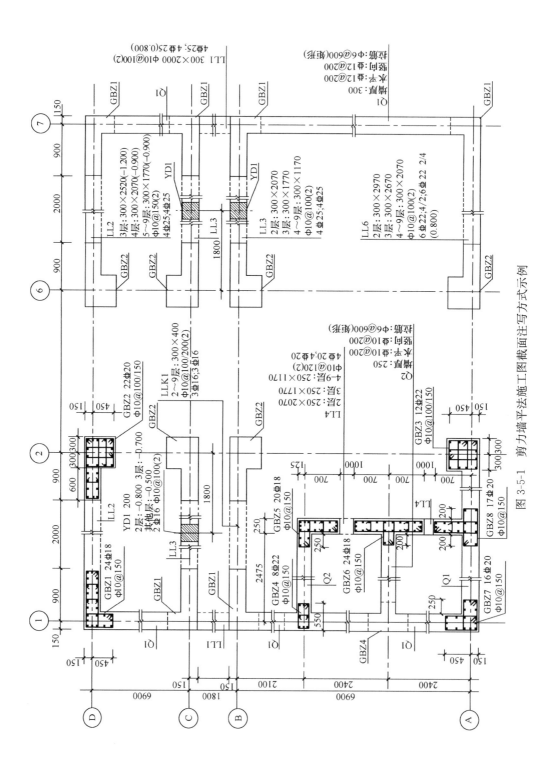

图 3-5-1　剪力墙平法施工图截面注写方式示例

3）洞口中心相对标高。系相对于结构层楼（地）面标高的洞口中心高度。当其高于结构层楼面时为正值，低于结构层楼面时为负值。

4）洞口每边补强钢筋。分5种不同情况：

① 当矩形洞口的洞宽、洞高均不大于800时，此项注写为洞口每边补强钢筋的具体数值。当洞宽、洞高方向补强钢筋不一致时，分别注写洞宽方向、洞高方向补强钢筋，以"/"分割。

【例3-5-2】JD1 500×600＋3.000 2Φ16/2Φ18，表示1号矩形洞口，洞宽500，洞高600，洞口中心距本结构层楼面3000，洞宽方向补强钢筋为2Φ16，洞高方向补强钢筋为2Φ18。

② 当矩形或圆形洞口的洞宽或直径大于800时，在洞口的上、下需设置补强暗梁，此项注写为洞口上、下每边暗梁的纵筋与箍筋的具体数值（在标准构造详图中，补强暗梁梁高一律定为400，施工时按标准构造详图取值，设计不注。当设计者采用与该构造详图不同的做法时，应另行注明），圆形洞口时尚需注明环向加强钢筋的具体数值；当洞口上、下边为剪力墙连梁时，此项免注；洞口竖向两侧设置边缘构件时，亦不在此项表达（当洞口两侧不设置边缘构件时，设计者应给出具体做法）。

【例3-5-3】JD2 1100＋2.100 4Φ22 ϕ8@180 2Φ18，表示2号圆形洞口，直径1100，洞口中心距本结构层楼面2100，洞口上下设补强暗梁，每边暗梁纵筋为4Φ22，箍筋为ϕ8@180，环向加强钢筋2Φ18。

③ 当圆形洞口设置在连梁中部1/3范围（且圆洞直径不应大于1/3梁高）时，需注写在圆洞上下水平设置的每边补强纵筋与箍筋。

④ 当圆形洞口设置在墙身或暗梁、边框梁位置，且洞口直径不大于300时，此项注写为洞口上下左右每边布置的补强纵筋的具体数值。

⑤ 当圆形洞口直径大于300，但不大于800时，此项注写为洞口上下左右每边布置的补强纵筋的具体数值，已经环向加强钢筋的具体数值。

【例3-5-4】JD3 500＋2.100 3Φ22 2Φ18，表示3号圆形洞口，直径500，洞口中心距本结构层楼面2100，洞口每边补强钢筋为3Φ22，环向加强钢筋2Φ18。

4. 地下室外墙的表示方法

地下室外墙种墙柱、连梁及洞口等的表示方法同地上剪力墙。

（1）编号

地下室外墙编号，由墙身代号、序号组成。表达为DWQ××。

（2）平面注写

地下室外墙平面注写方式，包括集中标注墙体编号、厚度、贯通筋、拉筋等和原位标注附加非贯通筋等两部分内容。当仅设置贯通筋，未设置附加非贯通筋时，则仅做集中标注。

1）集中标注

① 注写地下室外墙编号，包括代号、序号、墙身长度（注为××～××轴）。

② 注写地下室外墙厚度b_w＝×××。

③ 注写地下室外墙的外侧、内侧贯通筋和拉筋。

A. 以OS代表外墙外侧贯通筋。其中，外侧水平贯通筋以H开头注写，外侧竖向贯通筋以 V 开头注写。

B. 以 IS 代表外墙内侧贯通筋。其中，内侧水平贯通筋以 H 开头注写，内侧竖向贯通筋以 V 开头注写。

C. 以 tb 打头注写拉结筋直径、强度等级及间距，并注明"矩形"或"梅花"。

【例 3-5-5】 DWQ1（④～⑥），$b_w = 250$

OS：H Φ 14@200，V Φ 16@200

IS：H Φ 12@200，V Φ 14@200

tb Φ 6@400@400 矩形

表示 1 号外墙，长度范围为④～⑥之间，墙厚为 250；外侧水平贯通筋为 H Φ 14@200，竖向贯通筋为 Φ 16@200；内侧水平贯通筋为 Φ 12@200，竖向贯通筋为 Φ 14@200；拉结筋为 Φ 6，矩形布置，水平间距为 400，竖向间距为 400。

2）原位标注

地下室外墙的原位标注，主要表示在外墙外侧配置的水平非贯通筋或竖向非贯通筋。地下室外墙外侧水平、竖向非贯通筋配置相同者，可仅选择一处注写，其他可仅注写编号。当地下室外墙顶部设置水平通长加强钢筋时应注明。

5.1.2　墙构件钢筋工程量计算

1. 墙身钢筋

墙身分布钢筋构造类型、构造详图、长度计算公式及根数计算公式见表 3-5-6～表 3-5-9。

墙身水平分布钢筋 表 3-5-6

构造类型	构造详图	长度计算公式
端部无暗柱时，剪力墙水平分布钢筋端部	 端部无暗柱时剪力墙水平钢筋端部做法	$L - 2 \times c + 10d \times 2$ L：墙长 c：保护层厚度
端部有暗柱时，剪力墙水平分布钢筋端部	 端部有暗柱时剪力墙水平钢筋端部做法 水平分布钢筋紧贴角筋内侧弯折 端部有L形暗柱时剪力墙水平分布钢筋端部做法	在暗柱内长度 $= L - c + 10d$ L：暗柱长度 c：保护层厚度

续表

构造类型	构造详图	长度计算公式
转角墙，外侧水平筋在转角处搭接	**转角墙（三）** （外侧水平筋在转角处搭接） 15d　0.8l_{lE}　15d　0.8l_{lE}　暗柱范围	外侧水平钢筋在转角处长度 =$L-c+0.8\,l_{aE}$（l_a） 内侧水平钢筋在暗柱内长度 =$L-c+15d$ L：暗柱长度 c：保护层厚度
转角墙，外侧水平分布钢筋连续通过转弯	**转角墙（一）** （外侧水平筋连续通过转弯其中$A_{s1} \leqslant A_{s2}$） 15d　≥1.2l_{aE}（≥1.2l_a）　≥500　≥1.2l_{aE}（≥1.2l_a）　暗柱范围　15d　上下相邻两排水平筋在转角两侧交错搭接	外侧水平钢筋锚固长度=$L-c+B-c+1.2\,l_{aE}$ 内侧水平钢筋在暗柱内长度 =$L-c+15d$ L：暗柱长度 B：暗柱宽度 c：保护层厚度
端柱转角墙	**端柱转角墙（一）** **端柱转角墙（二）**　**端柱转角墙（三）** ≥0.6l_{abE}（≥0.6l_{ab}）　15d　15d　b_f　b_w	外侧、内侧水平钢筋在端柱内长度=$L-c+15d$ L：端柱长度 c：保护层厚度
端柱端部墙	**端柱端部墙（一）** 15d　15d　b_w	外侧、内侧水平钢筋在端柱内长度=$L-c+15d$ L：端柱长度 c：保护层厚度

续表

构造类型	构造详图	长度计算公式
直锚	位于端柱纵向钢筋内侧的墙水平分布钢筋伸入端柱的长度≥l_{aE}，可直锚	外侧、内侧水平钢筋在端柱内长度=$L-c$ L：端柱长度 c：保护层厚度
翼墙	 翼墙（一） 翼墙（二） $b_{w1} \geqslant b_{w2}$	翼墙内长度=$L-c+15d$ L：翼墙长度 c：保护层厚度

墙身水平分布钢筋根数 表 3-5-7

构造类型	构造详图	根数计算公式
基础插筋内水平分布钢筋，保护层厚度>5d	 1(1a) (a) 保护层厚度>5d 1a–1a 基础高度不满足直锚	基础内水平分布钢筋根数=max[2，$(h_j-100)/500+1$] h_j：基础底面至基础顶面高度
基础插筋内水平分布钢筋，保护层厚度≤5d	 (b)保护层厚度≤5d 2–2 基础高度满足直锚	基础内墙身水平分布钢筋根数=max[$(h_j-100)/10d+1$,$(h_j-100)/100+1$] h_j：基础底面至基础顶面高度； c：保护层厚度
连梁：墙身水平分布钢筋在连梁箍筋外侧连续布置	 LL(一)	墙身水平分布钢筋根数=$(H-50)/s$ H：层高； s：间距

续表

构造类型	构造详图	根数计算公式
墙身水平分布筋在屋面板、楼板连续布置	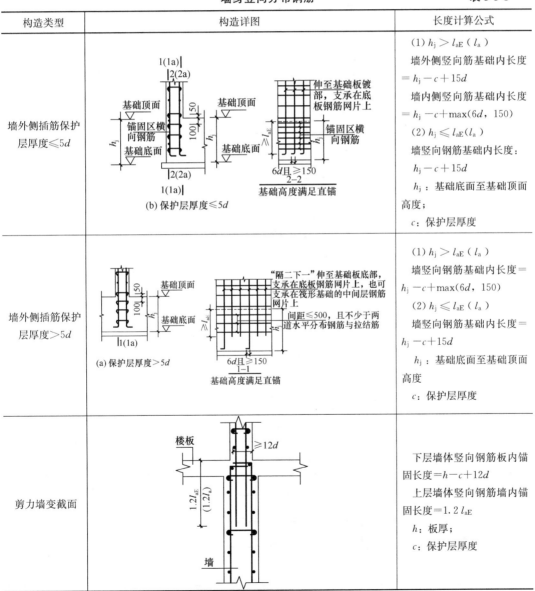	墙身水平分布钢筋根数 $=(H-50)/s$ H：层高； s：间距

墙身竖向分布钢筋　　　　　　　　　表 3-5-8

构造类型	构造详图	长度计算公式
墙外侧插筋保护层厚度≤5d		(1) $h_j > l_{aE}$（l_a） 墙外侧竖向筋基础内长度 $= h_j - c + 15d$ 墙内侧竖向筋基础内长度 $= h_j - c + \max(6d, 150)$ (2) $h_j \leqslant l_{aE}$（l_a） 墙竖向钢筋基础内长度：$h_j - c + 15d$ h_j：基础底面至基础顶面高度； c：保护层厚度
墙外侧插筋保护层厚度>5d		(1) $h_j > l_{aE}$（l_a） 墙竖向钢筋基础内长度 $= h_j - c + \max(6d, 150)$ (2) $h_j \leqslant l_{aE}$（l_a） 墙竖向钢筋基础内长度 $= h_j - c + 15d$ h_j：基础底面至基础顶面高度 c：保护层厚度
剪力墙变截面		下层墙体竖向钢筋板内锚固长度 $= h - c + 12d$ 上层墙体竖向钢筋墙内锚固长度 $= 1.2 l_{aE}$ h：板厚； c：保护层厚度

续表

构造类型	构造详图	长度计算公式
连梁	楼板　　　　　 $l_{\mathrm{aE}}(l_{\mathrm{a}})$　连梁 剪力墙竖向分布钢筋锚入连梁构造	锚固长度=$l_{\mathrm{aE}}(l_{\mathrm{a}})$
剪力墙竖向钢筋顶部构造	≥12d　≥12d　屋面板或楼板 墙	顶层锚固长度=$h-c+12d$ h：板厚； c：保护层厚度
边框梁高满足直锚	边框梁 l_{aE} 墙身或边缘构性（不含端柱） （梁高满足直锚要求时）	锚固长度=$l_{\mathrm{aE}}(l_{\mathrm{a}})$
边框梁高不满足直锚	≥12d　≥12d 边框梁 墙身或边缘构件（不含端柱） （梁高度不满足直锚要求时）	锚固长度=$h-c+12d$ h：边框梁高； c：保护层厚度

墙身竖向分布钢筋根数　　　　　　　　　表 3-5-9

构造类型	构造详图	根数计算公式
墙端为构造性柱	暗柱	根数=$(L_{\mathrm{n}}-2\times s)/s+1$ L_{n}：墙净长； s：墙身竖向钢筋间距

构造类型	构造详图	根数计算公式
墙端为约束性柱	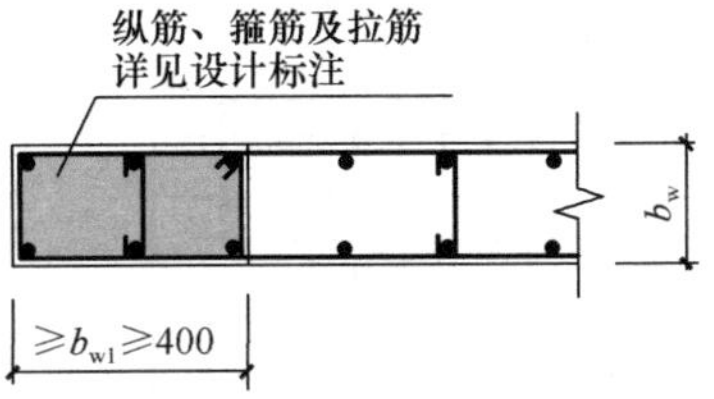 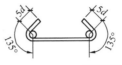 纵筋、箍筋及拉筋详见设计标注 $\geq b_{w1} \geq 400$　b_w **构造边缘暗柱（一）**	约束性柱的扩展部位配置墙身钢筋（间距合该部位拉筋间距）；扩展部位以外，正常布置墙竖向钢筋

墙身拉筋构造见图 3-5-2。

1) 墙身拉结筋布置

在层高范围内：从露面向上第二排墙身水平钢筋，至顶板向下第一排墙身水平钢筋；

在墙身宽度范围内：从端部的墙柱边第一排墙身竖向钢筋开始布置；

连梁范围内的墙身水平筋，需布置拉结筋。

2) 一般情况下，墙拉结筋间距是墙水平钢筋或竖向钢筋间距的 2 倍。

3) 墙身拉结筋长度

$$L = 剪力墙厚度 - 2 \times 剪力墙保护层厚度 + 6.9d$$

拉结筋构造
用于剪力墙分布钢筋的拉结，宜同时勾住外侧水平及竖向分布钢筋

图 3-5-2　拉结筋构造

2. 墙柱钢筋

(1) 端柱

端柱的纵筋和箍筋构造，同框架柱钢筋构造。

(2) 暗柱

暗柱纵筋同墙身竖向钢筋，箍筋同框架柱钢筋构造。

3. 墙梁钢筋

(1) 连梁 LL 钢筋

连梁钢筋构造类型、构造详图及长度计算公式见表 3-5-10。

(2) 箍筋

1) 中间层连梁，箍筋在洞口范围内布置，起步距离为 50mm。

2) 顶层连梁，箍筋在连梁纵筋水平长度范围内布置，在支座范围内箍筋间距为 150mm，直径同跨中，跨中起步距离为 50mm，支座内起步距离为 100mm。

(3) 暗梁和边框梁

中间层和顶层暗梁和框架梁节点做法同框架结构。

4. 计算实例（选取典型构件）

计算附图"住宅楼基础层轴线 1 交轴线 J-L 的剪力墙 Q1 及 GBZ1"的钢筋工程量（图纸见结施 10）、"住宅楼一层梁平法施工图 LL-1"的钢筋工程量（图纸见结施 13）。

连梁钢筋   表 3-5-10

构造类型	构造详图	长度计算公式
洞口连梁	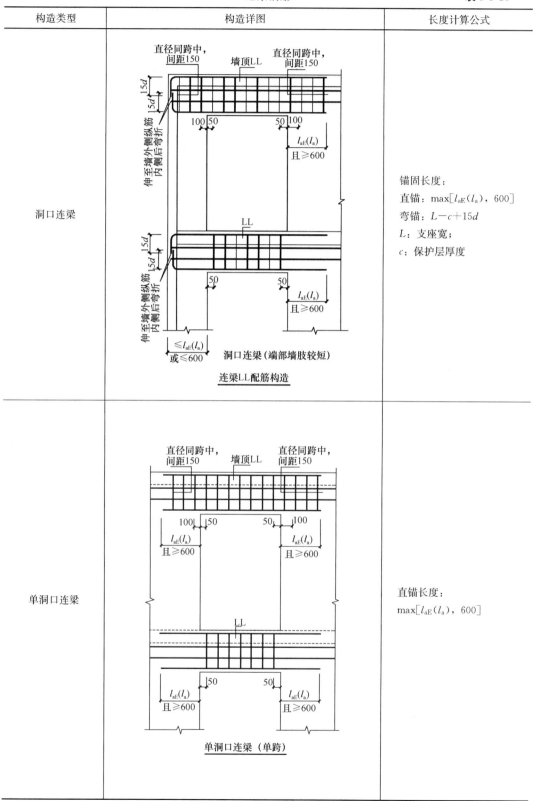	锚固长度： 直锚：$\max[l_{aE}(l_a), 600]$ 弯锚：$L-c+15d$ L：支座宽； c：保护层厚度
单洞口连梁		直锚长度： $\max[l_{aE}(l_a), 600]$

构造类型	构造详图	长度计算公式
双洞口连梁	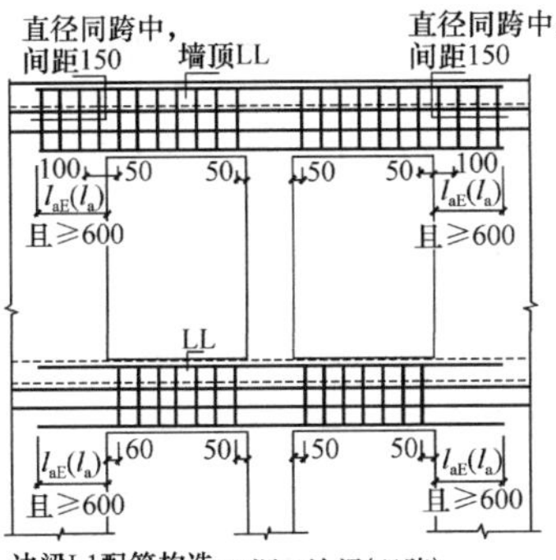 直径同跨中，间距150　墙顶LL　直径同跨中，间距150 100　50　50　50　50　100 $l_{aE}(l_a)$　$l_{aE}(l_a)$ 且≥600　且≥600 LL $l_{aE}(l_a)$　60　50　50　50　50　$l_{aE}(l_a)$ 且≥600　且≥600 边梁L1配筋构造　双洞口连梁(双跨)	锚固长度： 直锚：$\max[l_{aE}(l_a)，600]$ 弯锚：$L-c+15d$ L：支座宽； c：保护层厚度

1. 计算参数

钢筋计算参数，见表 3-5-11。

钢筋计算参数表　　　　　　　　　　　　　　　　表 3-5-11

参数明细	参数值	数据来源
抗震等级	四级	结构设计说明（二）（结施 图 01a）
墙保护层厚度 c	25mm	结构设计说明（二）（结施 图 01b）
基础保护层厚度 c	40mm	结构设计说明（二）（结施 图 01b）
墙混凝土强度等级	C30	结构设计说明（二）（结施 图 01b）

剪力墙墙身、墙柱、墙梁钢筋采用绑扎搭接。

2. 钢筋计算过程

钢筋计算过程见表 3-5-12～表 3-5-14。

墙身钢筋计算　　　　　　　　　　　　　　　　　表 3-5-12

钢筋	计算过程
基础层 Q1 水平分布筋 8 Φ 200	长度计算公式： (1)基础内水平筋(外侧同内侧)： 墙净长＋(暗柱长度－保护层厚度＋弯折长度)×2 ＝1200＋(400－25＋10×8)×2 ＝2110mm (2)墙身水平筋(外侧同内侧)： 墙净长＋(暗柱长度－保护层厚度＋弯折长度)×2 ＝1200＋(400－25＋10×8)×2 ＝2110mm
	根数： (1)基础内根数(外侧同内侧)： $\max[2，(h_j-100)/500+1]$ ＝$\max[2，(700-100)/500+1]$ ＝3 根(向上取整) (2)墙身内水平筋(外侧同内侧)： (剪力墙高－起步距离)/水平筋间距＋1 ＝(2.83－0.7－0.05)/0.2＋1＝12 根 共计：3×2＋12×2＝30 根

钢筋	计算过程
基础层 Q1 竖向 分布筋 8 Φ 200	长度计算公式: 因为 $h_j = 700 > l_{aE}(l_a) = 35 \times 8$,所以基础内插筋长度 $= h_j - c + \max(6d, 150)$ 基础插筋长度(外侧同内侧): $h_j - c + \max(6d, 150) + 1.2 l_{aE}$(或 $2 \times 1.2 l_{aE} + 500$,错开搭接长度) $700 - 40 + \max(6 \times 8, 150) + 1.2 \times 35 \times 8$(或 $2 \times 1.2 \times 35 \times 8 + 500$) $= 1146\text{mm}$(或 1982mm) 墙身竖向筋长度(外侧同内侧): 墙高 $+ 1.2 l_{aE}$ $= 2830 - 700 + 1.2 \times 35 \times 8$ $= 2466\text{mm}$
	根数: (墙净长 $- 2 \times$ 竖向筋间距)/竖向筋间距 $+ 1$ $= (1200 - 2 \times 200)/200 + 1$ $= 5$ 根 外侧同内侧: 共计: $5 \times 2 = 10$ 根
拉筋 ϕ 6@600×600	长度计算公式: 墙厚 $-$ 保护层厚度 $+$ 弯钩长度 $= (200 - 2 \times 25) + 2 \times (5 \times d + 1.9 \times d)$ $= 233\text{mm}$
	根数: 按矩形布置,且拉筋间距为墙身钢筋间距的 3 倍,故: 墙身水平筋根数 12 根,从第 2 排水平筋开始布拉筋,$(12-1)/3 = 4$ 根; 墙身竖向筋根数为 10 根,$10/3 = 4$ 根; 拉筋总根数:水平方向根数 $\times$ 竖向根数 共计: $4 \times 4 = 16$ 根

墙柱 GBZ1 的钢筋计算　　　　　　　　　　　　表 3-5-13

钢筋	计算过程
纵筋 6 Φ 12	长度计算公式: $h_j = 700 > 35d = 35 \times 12 = 420$,基础高度满足直锚 基础插筋长度 $= 700 - 40 + \max(6d, 150) + l_{lE}$(或 $2.3 l_{lE}$,错开搭接) $= 700 - 40 + \max(6 \times 12, 150) + 49 \times 12$(或 $2.3 \times 49 \times 12$) $= 1398\text{mm}$(或 2162mm) 中间层长度 $= 2830 - 700 + 49 \times 12 = 2718\text{mm}$
箍筋 Φ 6@200	长度计算公式: [(暗柱宽 $-$ 保护层厚度) $+$ (暗柱长 $-$ 保护层厚度)] $\times 2 + [\max(75, 10d) + 1.9d] \times 2$ $= [(400 - 2 \times 25) + (200 - 2 \times 25)] \times 2 + [\max(75, 10 \times 6) + 1.9 \times 6] \times 2$ $= 1173\text{mm}$
	根数: 基础内根数: $\max[(700 - 100)/500 + 1, 2] = 3$ 根 中间层根数: (墙高 $-$ 起步距离)/间距 $+ 1$ $= (2.83 - 0.7 - 0.05)/0.2 + 1$ $= 12$ 根 共计: $3 + 12 = 15$ 根

钢筋	计算过程
拉筋Φ6@200	长度计算公式： 暗柱宽－保护层厚度＋[max(75，10d)＋1.9d]×2 ＝(200－2×25)＋(75＋1.9×6)×2 ＝323mm
	根数： 同中间层箍筋根数：12 根。

墙梁 LL-1 的钢筋计算　　　　　　　　　表 3-5-14

钢筋	计算过程
上部纵筋 2Φ16	长度计算公式＝净长＋两端锚固 左端支座长度 600＞l_{aE}＝35×16＝560 右端支座长度 700＞l_{aE}＝35×16＝560 所以，左右两端都直锚取 max(l_{aE}，600)＝max(560，600)＝600。但是，当直锚取 600mm时，左端支座长度为 600mm，不能满足直锚 600mm 的要求，只能按弯锚设置。 长度＝600－25＋15×16＋1400＋600 ＝2815mm
下部纵筋 2Φ16	长度同上部纵筋：2815mm
扭筋 N2Φ12	长度计算公式： 净长＋两端锚固，锚固方式同梁下部纵筋 6－25＋15×12＋1400＋600 ＝2755mm
拉筋Φ6@200	长度计算公式： 当梁宽≤350 时，拉筋直径为 6mm。 梁宽－保护层厚度＋[max(75，10d)＋1.9d]×2 ＝(200－2×25)＋(75＋1.9×6)×2 ＝323mm
	根数计算公式： 拉筋间距为非加密区估计间距的 2 倍。 (净长－起步距离)/间距＋1 ＝(1400－50×2)/200＋1 ＝8 根(向上取整)
箍筋Φ6@200	长度计算公式： [(梁宽－保护层厚度)＋(梁高－保护层厚度)]×2＋[max(75，10d)＋1.9d]×2 ＝[(200－2×25)＋(400－2×25)]×2＋[max(75，10×6)＋1.9×6]×2 ＝1173mm
	根数： (净长－起步距离)/间距＋1 ＝(1400－50×2)/200＋1 ＝8 根(向上取整) 说明：若为墙顶连梁，端部锚固区内应设置箍筋，箍筋筋间为 150mm，箍筋直径同跨中

任务 5.2　墙 构 件 的 绘 制

广联达 BIM 土建计量平台 GTJ2021 软件中，墙模块中剪力墙构件只包括墙身，墙柱应按柱模块中柱构件定义与绘制，墙梁按梁模块中连梁构件定义与绘制，墙柱和墙梁按柱、梁构件的绘制操作。阅读施工图时，一般要注意收集剪力墙的保护层、剪力墙墙身表、剪力墙拉筋布置方式等信息。

下面以"住宅楼"中基础顶～－0.150 剪力墙为例，具体讲解剪力墙绘制方法。

1. 定义剪力墙构件属性信息

单击"导航树"中→单击"墙"前面的 使其展开→双击 剪力墙(Q)→单击构件列表下的 新建 →单击"新建外墙"，新建"WQ1"。重复操作建立其他剪力墙（若为内墙、虚墙或参数化墙，新建对应类型墙体），仔细阅读基础顶－0.150 剪力墙平法施工图，分别填写属性（图3-5-3）。

剪力墙属性列表中钢筋信息输入时，单击输入钢筋信息行后会出现图标"⬚"，单击"⬚"会弹出"钢筋输入小助手"窗口，在此窗口可以查看到各类钢筋输入格式（图 3-5-4）。

若剪力墙内外侧的保护层厚度不一致时，应在属性列表中的"钢筋业务属性"保护层厚度行中输入内侧两侧不同的保护层厚度，先输入外侧保护层，后输入内侧保护层，保护层之间用"/"隔开（图 3-5-5）。

	属性名称	属性值	附加
1	名称	WQ1	
2	厚度(mm)	250	☐
3	轴线距左墙皮...	(125)	☐
4	水平分布钢筋	(2)Φ10@150	☐
5	垂直分布钢筋	(1)Φ12@150+(1)Φ10@150	☐
6	拉筋	Φ6@600*600	☐
7	材质	现浇混凝土	
8	混凝土类型	(泵送砼(坍落度175~190mm...	☐
9	混凝土强度等级	(C30)	☐
10	混凝土外加剂	(无)	☐
11	泵送类型	(混凝土泵)	☐
12	泵送高度(m)		
13	内/外墙标志	(外墙)	☑
14	类别	混凝土墙	☐
15	起点顶标高(m)	层顶标高	☐
16	终点顶标高(m)	层顶标高	

图 3-5-3　剪力墙构件属性的定义

图 3-5-4　钢筋输入小助手窗口

墙构件的绘制

若剪力墙中有附件水平筋、垂直筋等，可以在属性列表中的"钢筋业务属性"中其他钢筋中添加输入钢筋信息，计算此部分钢筋工程量。

属性列表中的"钢筋业务属性"中还包括压墙筋、插筋信息等，若剪力墙中有对应钢

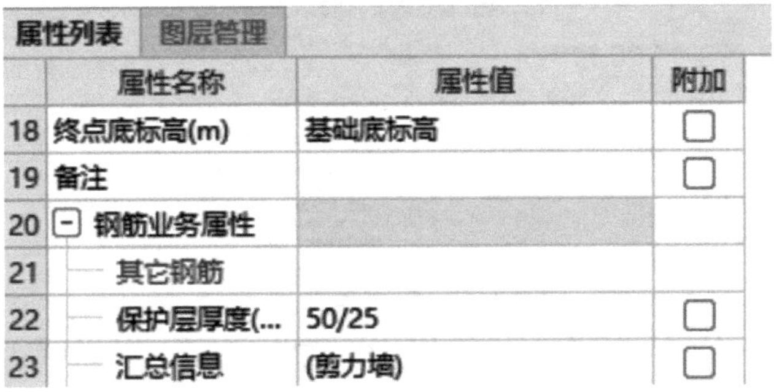

图 3-5-5　内外两侧保护层厚度

筋，都可以在钢筋业务属性中添加。

2. 绘制剪力墙构件

绘制剪力墙构件的命令常用的有直线、三点画弧等。具体操作过程如下：

（1）直线 ✏直线。选择要绘制的剪力墙构件→点击绘制的起点→点击绘制的终点→点击鼠标右键确定结束。

（2）三点画弧 ✏ 具体操作过程。选择剪力墙构件→点击圆弧剪力墙的起点→点击弧线上中间的任意位置→点击圆弧剪力墙的终点→点击鼠标右键确定结束。

单击"构件列表"下剪力墙名称，选择此名称构件→单击"绘图"面板中的"直线"按钮→在绘图区点击剪力墙起点，并拉直剪力墙终点单击→，剪力墙绘制结束后，单击鼠标右键结束命令。

当剪力墙外、内侧钢筋布置不一致时，应注意绘制方向。软件默认钢筋信息行中"+"前的钢筋信息为墙体左侧钢筋信息，那么应顺时针绘制剪力墙构件，保持剪力墙中定义的钢筋信息与绘制时的内、外侧一致。

暗柱、端柱所处位置也应绘制剪力墙，且剪力墙需满画绘制。

3. 剪力墙的精准处理

（1）计算规则

根据 16G101 中关于剪力墙竖向分布钢筋连接构造的规定：一、二级抗震等级剪力墙非底部加强部位或三、四级抗震等级剪力墙竖向分布钢筋可在同一部分搭接。四级抗震项目剪力墙的属性分布钢筋可按 100％搭接，可以在"工程设置"选项板中修改项目中剪力墙的纵向搭接接头错开百分率，修改"工程设置"中剪力墙的相关设置后，整个项目的剪力墙计算规则会进行统一修改。

单击" 工程设置 "选项板→点击钢筋设置中的" 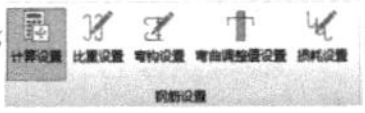 "计算设置→在弹出的"计算设置"窗口中选中点击计算规则，并单击点选剪力墙→修改"公共设置项"中的纵筋搭接接头错开百分率，选择 100％→关闭"计算设置"窗口，完成对整个项目的剪力墙竖向分布钢筋接头错开百分率修改（图 3-5-6）。

同理，剪力墙的其他计算规则若需修改，按此操作步骤，选择需修改项调整即可。

若只需修改单一剪力墙构件的计算规则，则在对应剪力墙的属性列表中的"钢筋业务属性"中的计算设置中修改。

图 3-5-6　剪力墙计算设置窗口

（2）节点设置

以剪力墙身拉筋为例，若需修改拉筋的构造，可以在"工程设置"选项板的计算设置中的节点设置中修改。

单击"工程设置"选项板→点击钢筋设置中的"计算设置"计算设置→在弹出的"计算设置"窗口中选中点击节点设置，并单击点选剪力墙→点击"剪力墙身拉筋布置构造"行，会显示"□"图标，点击"□"图标，会弹出"选择节点构造图"窗口→根据钢筋信息在窗口中选中矩形布置或梅花布置→点击"确定"，关闭窗口，完成对剪力墙身拉筋构造的调整（图 3-5-7）。

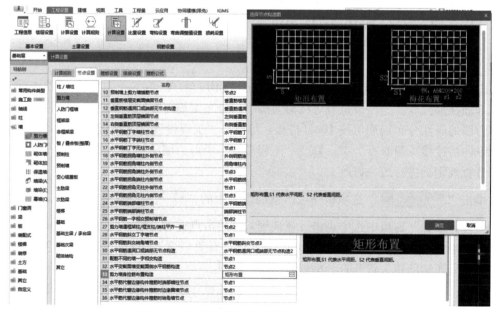

图 3-5-7　剪力墙身拉筋选择节点构造图窗口

同理，剪力墙的其他计节点设置若需修改，按此操作步骤，选择需修改项调整即可。

4. 汇总计算

汇总计算单击"工程量"选项板，击"汇总计算"按钮，弹出"汇总计算"对话框，如图 3-5-8 所示。分别勾选"钢筋计算""表格输入"，单击"确定"按钮，软件开始计算。后弹出"计算汇总"对话框，如图 3-5-9 所示。

图 3-5-8　工程量计算汇总窗口

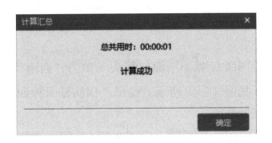

图 3-5-9　计算汇总对话框

5. 查看钢筋工程量

鼠标左键框选所有剪力墙，单击"钢筋计算结果"面板里的"查看钢筋量"，剪力墙钢筋工程量明细如图 3-5-10 所示。如果要查看单根剪力墙内的钢筋形状、计算长度数量等，则需要单击"钢筋计算结果"面板里的"编辑钢筋"按钮，单击选择要查看的剪力墙身，软件在绘图区下部弹出该剪力墙身的"编辑钢筋"对话框。例如单击选择 1 轴线交 J-L 轴线上的 Q1，则该区域 Q1 的配筋计算如图 3-5-11 所示。

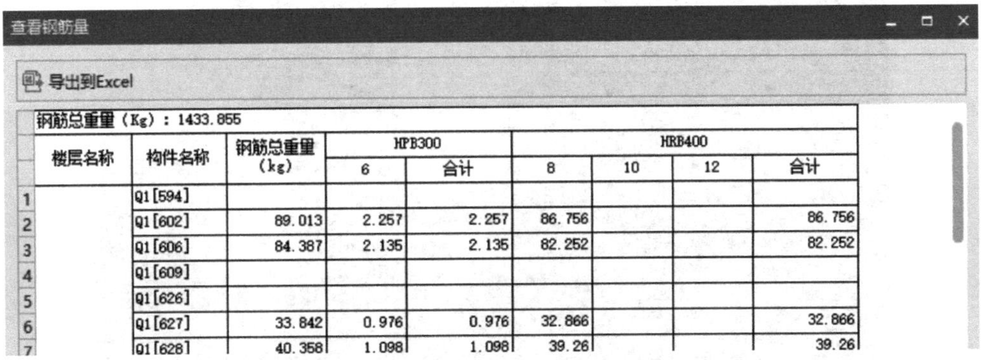

	楼层名称	构件名称	钢筋总重量(kg)	HPB300		HRB400			
				6	合计	8	10	12	合计
1		Q1 [594]							
2		Q1 [602]	89.013	2.257	2.257	86.756			86.756
3		Q1 [606]	84.387	2.135	2.135	82.252			82.252
4		Q1 [609]							
5		Q1 [626]							
6		Q1 [627]	33.842	0.976	0.976	32.866			32.866
7		Q1 [628]	40.358	1.098	1.098	39.26			39.26

钢筋总重量（Kg）：1433.855

图 3-5-10　剪力墙钢筋工程量明细窗口

6. 查看剪力墙内钢筋立体图

单击"钢筋计算结果"面板里的"钢筋三维"按钮→单击 1 轴线交 J-L 轴线上的 Q1

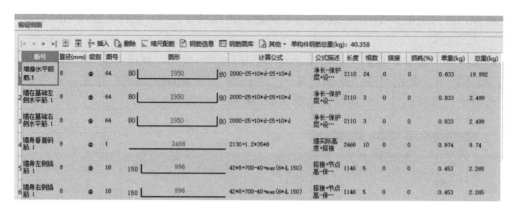

筋号	直径(mm)	级别	图号	图形	计算公式	公式描述	长度	根数	接头	损耗(%)	单重(kg)	总重(kg)
1 墙身水平钢筋.1	8	Φ	64	80⌐1950⌐80	2000-25+10*d-25+10*d	净长-保护层+设…	2110	24	0	0	0.833	19.992
2 墙在基础左侧水平筋.1	8	Φ	64	80⌐1950⌐80	2000-25+10*d-25+10*d	净长-保护层+设…	2110	3	0	0	0.833	2.499
3 墙在基础右侧水平筋.1	8	Φ	64	80⌐1950⌐80	2000-25+10*d-25+10*d	净长-保护层+设…	2110	3	0	0	0.833	2.499
4 墙身垂直钢筋.1	8	Φ	1	2466	2130+1.2*35*8	墙实际高度+搭接	2466	10	0	0	0.974	9.74
5 墙身左侧插筋.1	8	Φ	18	150⌐996	42*8+700-40+max(6*d,150)	搭接+节点高-保…	1146	5	0	0	0.453	2.265
6 墙身右侧插筋.1	8	Φ	18	150⌐996	42*8+700-40+max(6*d,150)	搭接+节点高-保…	1146	5	0	0	0.453	2.265

图 3-5-11　剪力墙身编辑钢筋窗口

→单击绘图区右侧 下面的箭头→单击"西南等轴测"按钮，软件显示 Q1 内部的钢筋轴测图，如图 3-5-12 所示。选择"钢筋显示控制面板"中的不同项，绘图区将显示梁内不同类型的钢筋。

单击绘图区右侧 （动态观察）按钮，调整任意角度来观察钢筋形式。最后单击
（或按 Ctrl＋Enter 键）返回二维平面俯视图。

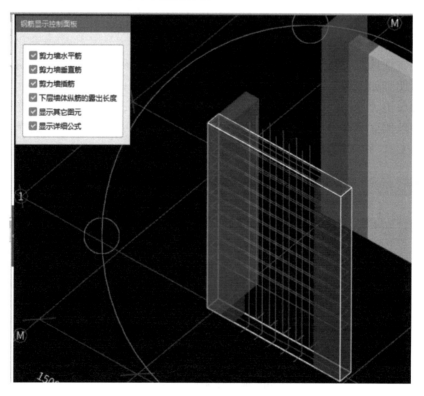

图 3-5-12　剪力墙 Q1 钢筋三维显示图

任务单 3-5-1　剪力墙构件钢筋工程量计算

（一）任务介绍

　　每三人为一个小组，通过学习剪力墙构件钢筋算量模块的知识内容，结合任务指导中的相关说明，完成住宅楼－0.150－5.850剪力墙平法施工图任意位置剪力墙身Q1的构件钢筋工程量计算任务。

（二）任务实施

　　根据钢筋计算表格示例格式计算以下钢筋的工程量（如无，可不填写）。

　　1. 计算剪力墙的水平分布钢筋工程量；

　　2. 计算剪力墙的垂直分布钢筋工程量；

　　3. 计算拉筋工程量。

学习情境5　案例
图纸

钢筋手算表格

构件名称	钢筋名称	钢筋级别	钢筋直径	钢筋图样	根数	单根长度计算式	单根长度（m）	单重（kg）	总重量（kg）

　　备注：（1）暂不考虑钢筋连接，如发生钢筋连接，需考虑钢筋连接方式（搭接长度或焊接、机械连接个数）。

　　　　　（2）如梁没有此类钢筋，在表格中填"无"。

任务单 3-5-1　成果评分表

序号	考核内容	评分标准	标准分（100分）	分值	自评	互评	师评
1	职业素养与操作规范	清查给定的图纸、图集、记录工具是否齐全，做好工作前准备	10	40			
		文字、图表作业应字迹工整、填写规范	10				
		不浪费材料和不损坏工具及设施	10				
		任务完成后，整齐摆放图纸、图集、工具书、记录工具、整理工作台面等	10				
2	剪力墙身构件钢筋工程量计算	剪力墙身水平分布钢筋工程量计算正确	20	60			
		剪力墙身竖向分布钢筋工程量计算正确	20				
		拉筋工程量计算正确	20				
综合得分							

　　备注：综合得分＝自评分×30％＋互评分×40％＋师评分×30％

任务单 3-5-2　剪力墙构件钢筋软件翻样

（一）任务介绍

课前：学习剪力墙构件新建、定义、绘制、精准处理等软件操作的视频，熟悉软件操作基本流程。

课中：完成钢筋软件翻样。

（二）任务实施

使用广联达 BIM 土建计量平台 GTJ2021 软件建立教师给定的案例工程项目中剪力墙的钢筋模型。

建模的顺序：

1. 新建剪力墙构件，定义该构件，包括：剪力墙名称、厚度、水平分布钢筋、垂直分布钢筋、拉筋、混凝土强度等级、起点和终点的底、顶的标高、保护层厚度等，共 11 项属性。

2. 绘制剪力墙构件，按照剪力墙平面施工图，绘制剪力墙构件。

注意：剪力墙的平面位置要与图纸一模一样；暗柱中需满画剪力墙；内外侧钢筋信息不相同时，剪力墙的绘制方向。

任务单 3-5-2　成果评分表

序号	考核内容	评分标准	标准分（100 分）	分值	自评	互评	师评
1	职业素养与操作规范	清查给定的资料是否齐全，检查计算机运行是否正常，检查软件运行是否正常，做好工作前准备	10	40			
		文字、图表作业应字迹工整、填写规范	10				
		不浪费材料且不损坏工具及设施	10				
		任务完成后，整齐摆放图纸、图集、工具书、记录工具、整理工作台面等	10				
2	剪力墙构件的绘制	剪力墙构件数量齐全，每缺一个构件扣 2 分，扣完为止	10	60			
		剪力墙构件定义属性正确，每错一项扣 2 分，扣完为止	20				
		剪力墙构件平面位置正确，每错一处扣 1 分，扣完为止	10				
		剪力墙在暗柱中是否满画，每错一处扣 1 分，扣完为止	15				
		墙内外两侧钢筋不相同的剪力构件绘制顺序是否正确，每错一处扣 1.5 分，扣完为止	5				
	综合得分						
备注：综合得分＝自评分×30％＋互评分×40％＋师评分×30％							

学习情境 6　板　构　件

任务 6.1　板构件钢筋工程量的计算

6.1.1　板构件钢筋平法识图

板构件钢筋平法识图要点见图 3-6-1。

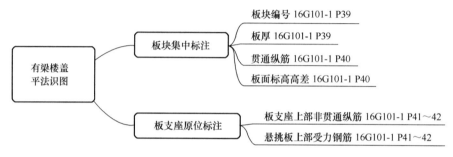

图 3-6-1　板构件钢筋平法识图要点

1. 有梁楼盖平法施工图表达方式（平面标注）

有梁楼盖平法施工图，系在楼面板和屋面板布置图上，采用平面注写的表达方式。板平面注写主要包括板块集中标注和板支座原位标注。采用平面注写方式表达的楼面板平法施工图示例如图 3-6-2 所示。

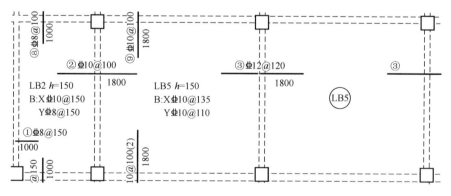

图 3-6-2　某板平法标注

2. 板构件集中标注

板块集中标注的内容为：板块编号、板厚、贯通纵筋以及当板面标高不同时的标高高差。

（1）板块编号（表 3-6-1）

板类型	代号	序号
楼面板	LB	××
屋面板	WB	××
悬挑板	XB	××

板块编号　　　　　　　　表 3-6-1

（2）板厚

1）板厚注写为 $h=$×××（为垂直于板面的厚度）。

【例 3-6-1】$h=100$，表示板厚 100mm。

2）当悬挑板的端部改变截面厚度时，用斜线分隔根部与端部的高度值，注写为 $h=$×××/×××；当设计已在图注中统一注明板厚时，此项可不注。

【例 3-6-2】$h=150/120$，表示板根厚 150mm，板端 120mm。

（3）贯通纵筋

贯通纵筋按板块的下部纵筋和上部贯通纵筋分别注写（当板块上部不设贯通纵筋时则不注），并以 B 代表下部纵筋，以 T 代表上部贯通纵筋，B&T 代表下部与上部；X 向纵筋以 X 打头，Y 向纵筋以 Y 打头，两向纵筋配置相同时则以 X&Y 打头。

1）当两向轴网正交布置时，图面从左至右为 X 向，从下至上为 Y 向

【例 3-6-3】有一楼面板块注写为：LB5 $h=120$；B：Xφ10@120；Yφ12@150

表示 5 号楼面板，板厚 120，板下部配置的纵筋 X 向为φ10@120，Y 向为φ12@150；板上部未配置贯通纵筋。

【例 3-6-4】有一楼面板块注写为：LB6 $h=120$

B：Xφ10@120；Yφ12@150

T：Xφ10@120；Yφ12@150

表示 6 号楼面板，板厚 120，板下部配置的纵筋 X 向为φ10@120，Y 向为φ12@150；板上部配置的纵筋 X 向为φ10@120，Y 向为φ12@150。

【例 3-6-5】有一楼面板块注写为：LB7 $h=120$；B&T：X&Yφ10@120。

表示 7 号楼面板，板厚 120，板下部配置的纵筋和上部配置的纵筋无论 X 向还是 Y 向都是φ10@120。

2）在某些板内（例如在悬挑板 XB 的下部）配置有构造钢筋时，则 X 向以 X_c，Y 向以 Y_c 打头注写。

【例 3-6-6】有一悬挑板注写为：XB8 $h=150/100$；B：Xc&Ycφ10@200。

表示 8 号悬挑板，板根部厚 150，端部厚 100，板下部配置构造钢筋双向均为φ10@200（上部受力钢筋见板支座原位标注）。

3）当 Y 向采用放射配筋时（切向为 X 向，径向为 Y 向），设计者应注明配筋间距的定位尺寸。

4）当纵筋采用两种规格钢筋"隔一布一"方式时，表达方式为 ϕxx/yy@×××，表示直径为 xx 的钢筋和直径为 yy 的钢筋二者之间间距为×××，直径 xx 的钢筋的间距为×××的 2 倍，直径 yy 的钢筋的间距为×××的 2 倍。

【例 3-6-7】有一楼面板块注写为：LB9 $h=120$；B：Xφ10/12@100；Yφ10@110。

表示 9 号楼面板，板厚 120，板下部配置的纵筋 X 向为φ10、φ12 隔一布一，φ10 与

Φ12 之间间距为 100；Y 向为Φ10@110；板上部未配置贯通纵筋。

（4）板面标高高差，系指相对于结构层楼面标高的高差，应将其注写在括号内，且有高差则注，无高差不注。

【例 3-6-8】（-0.05）表示该板比本层楼面标高低 0.05m。

3. 板构件原位标注

板支座原位标注的内容为板支座上部非贯通纵筋和纯悬挑板上部受力钢筋。

（1）板支座原位标注的基本方式

板支座原位标注的钢筋，应在配置相同跨的第一跨表达（当在梁悬挑部位单独配置时则在原位表达）。在配置相同跨的第一跨（或梁悬挑部位），垂直于板支座（梁或墙）绘制一段适宜长度的中粗实线（当该筋通长设置在悬挑板或短跨板上部时，实线段应画至对边或贯通短跨），以该线段代表支座上部非贯通纵筋，并在线段上方注写钢筋编号（如①、②等）、配筋值、横向连续布置的跨数（注写在括号内，且当为一跨时可不注），以及是否横向布置到梁的悬挑端。

（2）板支座原位标注的各种情况识图（表 3-6-2）

板支座原位标注与识图　　　　　　　　　　　　　　　　表 3-6-2

情况分类	识图	图示
单侧上部非贯通纵筋（单侧支座负筋）	④ 号的上部非贯通纵筋，规格和间距为Φ10@100，从梁中线向跨内的延伸长度为 1800mm	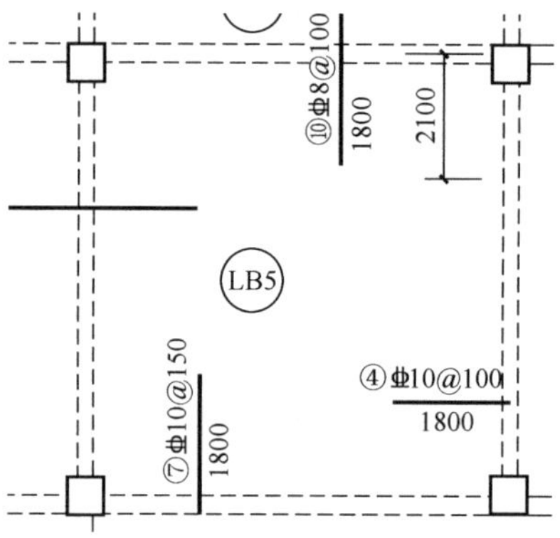
双侧上部非贯通纵筋向支座两侧对称延伸（双侧支座负筋）	② 号上部非贯通纵筋从梁中线向左侧跨内的延伸长度为 1800mm；而因为双侧上部非贯通纵筋的右侧没有尺寸标注，则表明该上部非贯通纵筋向支座两侧对称延伸，即向右侧跨内的延伸长度也是 1800mm	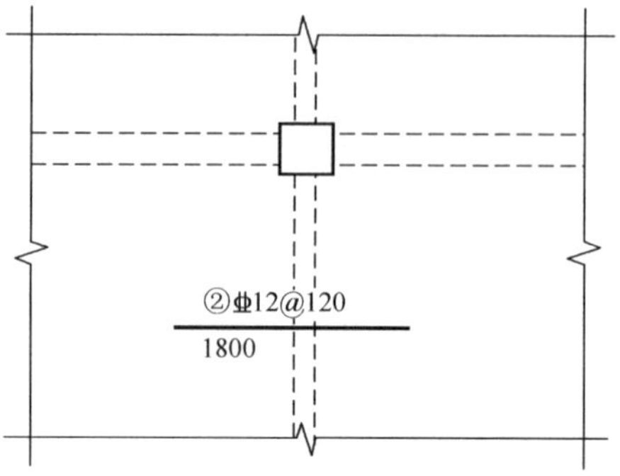

情况分类	识图	图示
上部非贯通纵筋向支座两侧非对称延伸（双侧支座负筋）	③号上部非贯通纵筋从梁中线向左侧跨内的延伸长度为1800mm；从梁中线向右侧跨内的延伸长度为1400mm	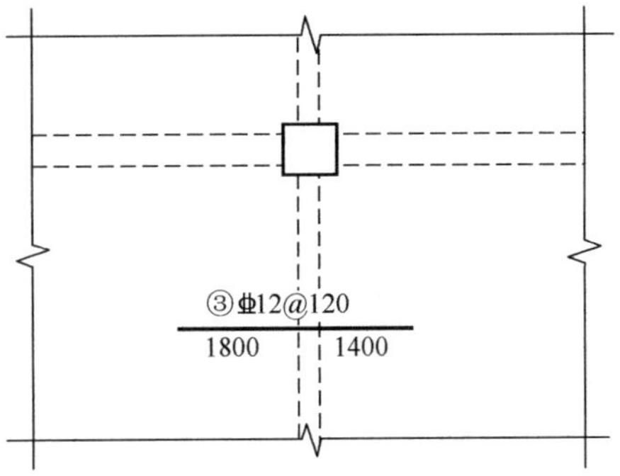 ③⏀12@120 1800　1400
贯通短跨全跨的上部非贯通纵筋	⑨号非贯通纵筋上部标注的"（2）"说明这个上部非贯通纵筋在相邻的两跨之内设置；横向两根梁是⑨号上部非贯通纵筋的支座，从梁中线向左右侧延伸长度都为1800mm	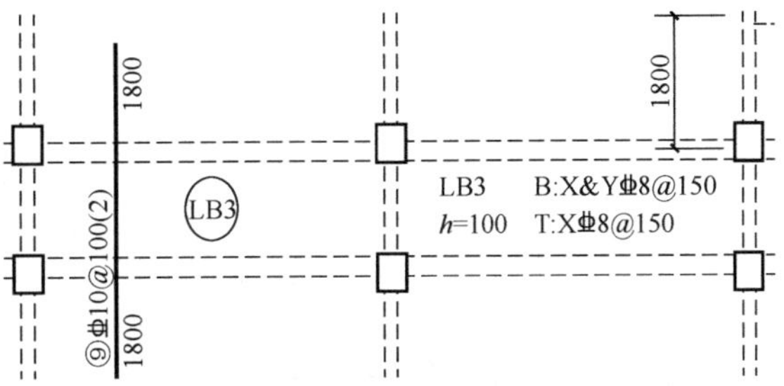 LB3　B:X&Y⏀8@150 h=100　T:X⏀8@150 ⑨⏀10@100(2)　1800/1800
板支座非贯通筋伸出至悬挑端	横向墙是⑤号上部非贯通纵筋的支座，从墙中线向左侧延伸长度为2000mm，从墙中线向右侧延伸长度为悬挑板的宽度-保护层厚度	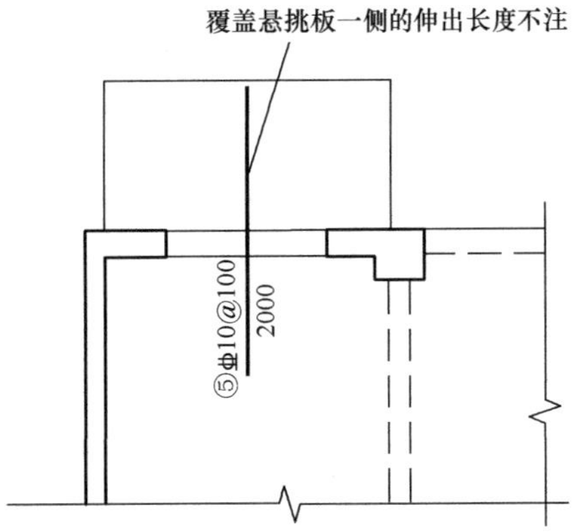 覆盖悬挑板一侧的伸出长度不注 ⑤⏀10@100 2000
弧形支座上的上部非贯通纵筋	当板支座为弧形，支座上部非贯通纵筋呈放射状分布时，设计者应注明配筋间距的度量位置并加注"放射分布"四字，必要时应补绘平面配筋图	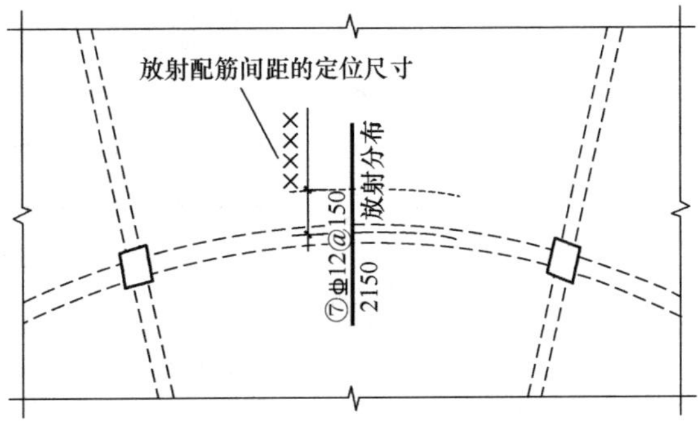 放射配筋间距的定位尺寸 ×××× ⑦⏀12@150　放射分布 2150

105

续表

情况分类	识图	图示
悬挑阳角上部放射筋	Ces 5φ10 表示 5 根φ10 钢筋，长度一般会设计注明，若不注明，按标准构造详图中的规定取值	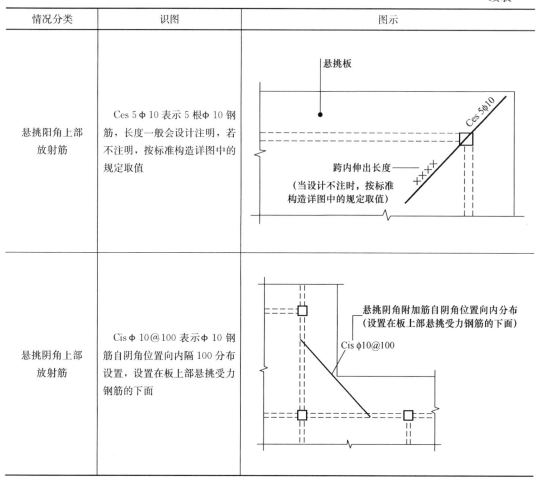
悬挑阴角上部放射筋	Cisφ10@100 表示φ10 钢筋自阴角位置向内隔 100 分布设置，设置在板上部悬挑受力钢筋的下面	

6.1.2　板构件钢筋工程量计算

1. 楼板的底部受力筋

楼板底部受力钢筋构造类型、构造详图及长度计算公式见表 3-6-3、表 3-6-4。

底部受力筋支座内 表 3-6-3

构造类型	构造详图	长度计算公式
普通楼屋面板端支座（支座为梁）	设计按铰接时：≥0.35l_{ab} 充分利用钢筋抗拉强度时：≥0.6l_{ab} 外侧梁角筋 15d ≥5d且至少到圈梁中线(l_a) 在梁角筋内侧弯钩 (a) 端部支座为梁	max（5d，梁宽/2）

构造类型	构造详图	长度计算公式
梁板式转换层楼面板端支座（支座为梁）	外侧梁角筋　≥0.6l_{abE}　15d　15d　在梁角筋内侧弯钩　≥0.6l_{abE} (b) 用于梁板式转换层的楼面板	$l_{abE}+15d$
端支座为剪力墙（包括中间层和顶层）	墙外侧竖向分布筋　≥0.4l_{ab}(≥0.4l_{abE})　15d　伸至墙外侧水平分布筋内侧弯钩　≥5d且至少到墙中线(l_{aE})　墙外侧水平分布筋	max（5d，梁宽/2）；当为转换层楼板时，为l_{aE}
中间支座（包括支座为梁、剪力墙）	h　≥5d且至少到梁中线(l_{aE})　支座宽度	max（5d，梁宽/2）
悬挑板支座	受力钢筋　跨内板上部另向受力纵筋、构造或分布筋　距梁边为1/2板筋间距　构造或分布筋　≥12d且至少到梁中线(l_{aE})　构造或分布筋　构造筋	max（12d，梁宽/2）；当设计明确需考虑竖向地震作用时为l_{aE}

续表

构造类型	构造详图	长度计算公式
端部弯钩	 **光圆钢筋末端180°弯钩** 当下部受力钢筋采用 HPB300 级时，其末端应做 180°弯钩	$6.25d$

底部受力筋钢筋工程量计算 表 3-6-4

构造类型	构造详图	长度计算公式
跨中		净跨长度 l_n
双向板下部钢筋	 **双向板下部钢筋排布构造**	单根长度：支座内长度 $+ l_n$ 根数： （1）X 方向钢筋根数： 　$(l_{ny} - 2 \times S_{nx}/2)/S_{nx} + 1$ （2）Y 方向钢筋根数： 　$(l_{nx} - 2 \times S_y/2)/S_{ny} + 1$ 其中，l_{nx}，l_{ny}，分别为 X、Y 方向板的净跨长度；S_{nx}，S_{ny}，分别为 X、Y 向钢筋间距
单向板下部钢筋	 **单向板下部钢筋排布构造** 当下部受力钢筋采用 HPB300 级时，其末端应做 180°弯钩	

构造类型	构造详图	长度计算公式
悬挑板下部钢筋	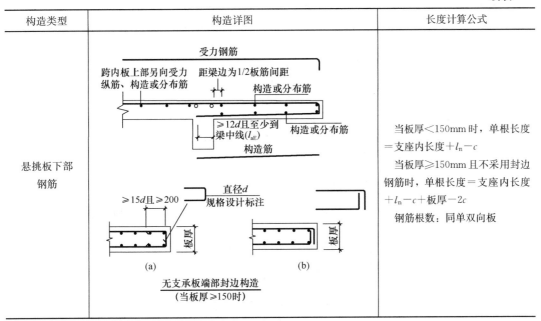	当板厚<150mm时，单根长度=支座内长度+l_n-c 当板厚≥150mm且不采用封边钢筋时，单根长度=支座内长度+l_n-c+板厚-$2c$ 钢筋根数：同单双向板

2. 楼板的上部贯通筋

楼板上部贯通钢筋的构造类型、构造详图及长度计算公式见表 3-6-5、表 3-6-6。

表 3-6-5

上部钢筋支座内

构造类型	构造详图	长度计算公式
普通楼屋面板端支座（支座为梁）	设计按铰接时：≥$0.35l_{ab}$ 充分利用钢筋抗拉强度时：≥$0.6l_{ab}$ 外侧梁角筋 15d ≥5d且至少到圈梁中线(l_a) 在梁角筋内侧弯钩 (a) 端部支座为梁	① 若支座直锚长度≥l_a，则不弯折，支座内长度为锚固长度l_a； ② 若支座直锚长度<l_a，则弯折15d，支座内长度=墙厚度-保护层厚度+15d
梁板式转换层楼面板端支座（支座为梁）	外侧梁角筋 ≥$0.6l_{abE}$ 15d 15d 在梁角筋内侧弯钩 ≥$0.6l_{abE}$ (b) 用于梁板式转换层的楼面板	

构造类型	构造详图	长度计算公式
端部支座为剪力墙中间层	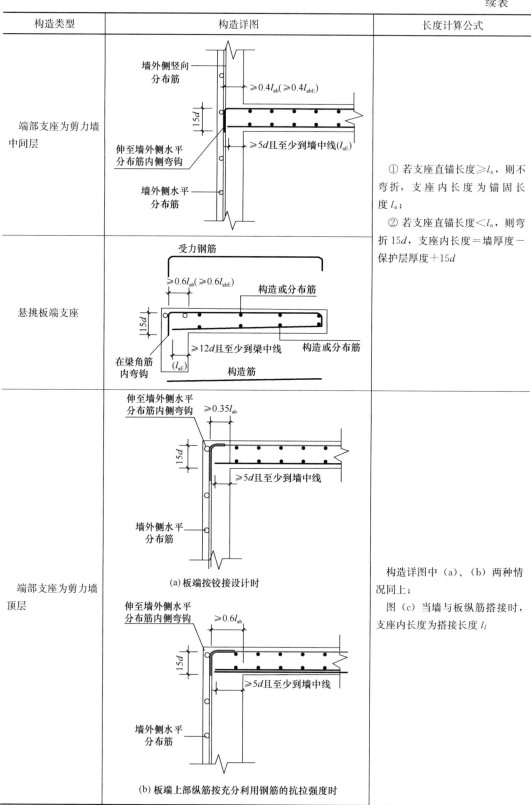	① 若支座直锚长度≥l_a，则不弯折，支座内长度为锚固长度 l_a； ② 若支座直锚长度<l_a，则弯折 15d，支座内长度＝墙厚度－保护层厚度＋15d
悬挑板端支座		
端部支座为剪力墙顶层		构造详图中（a）、（b）两种情况同上； 图（c）当墙与板纵筋搭接时，支座内长度为搭接长度 l_l

构造类型	构造详图	长度计算公式
端部支座为剪力墙顶层	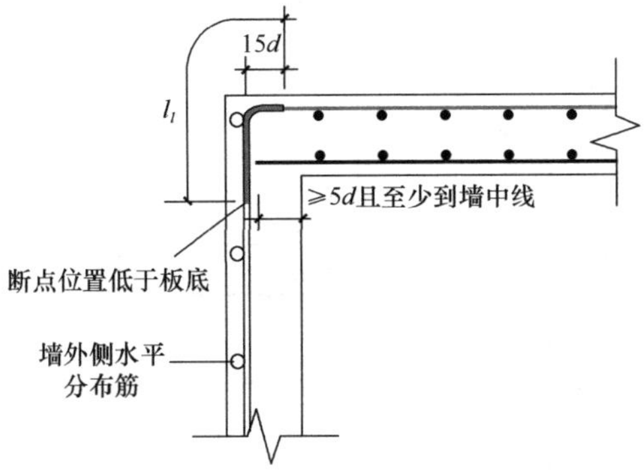 15d l_l ≥5d且至少到墙中线 断点位置低于板底 墙外侧水平分布筋 (c) 搭接连接	构造详图中（a）、（b）两种情况同上； 图（c）当墙与板纵筋搭接时，支座内长度为搭接长度 l_l
端部弯钩	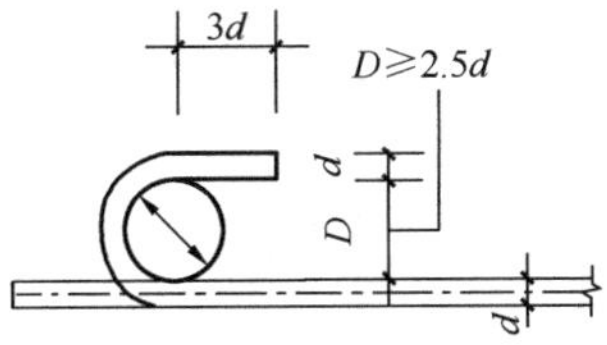 3d　D≥2.5d (a) 光圆钢筋末端180°弯钩 当下部受力钢筋采用 HPB300 级时，共末端应做180°弯钩	6.25d

上部贯通筋钢筋工程量计算　　　　　　　　　　表 3-6-6

构造类型	构造详图	长度计算公式
上部贯通筋跨中连接	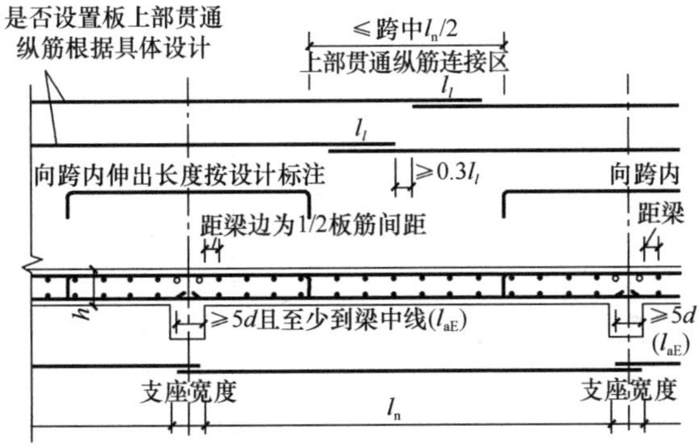 是否设置板上部贯通纵筋根据具体设计　≤跨中l_n/2　上部贯通纵筋连接区 l_l 向跨内伸出长度按设计标注 ≥0.3l_l 向跨内 距梁边为1/2板筋间距 距梁 ≥5d且至少到梁中线(l_{aE})　≥5d(l_{aE}) 支座宽度　l_n　支座宽度	（1）跨内采用机械连接或焊接跨中长度为净跨长度 l_n； （2）跨中采用搭接时跨中长度为净跨长度 l_n ＋搭接个数×搭接长度 l_l

构造类型	构造详图	长度计算公式
上部贯通筋排布	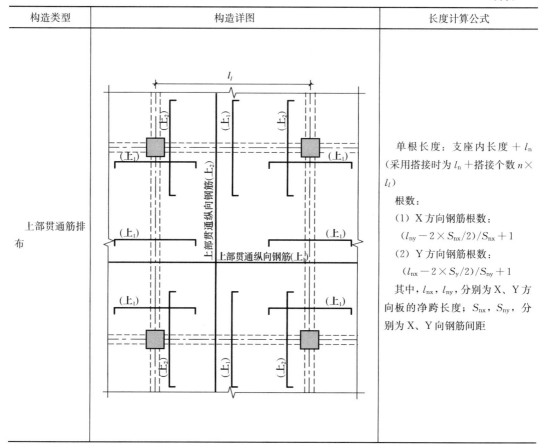	单根长度：支座内长度 ＋ l_n（采用搭接时为 l_n ＋搭接个数 $n \times l_l$） 根数： (1) X 方向钢筋根数： $(l_{ny} - 2 \times S_{nx}/2)/S_{nx} + 1$ (2) Y 方向钢筋根数： $(l_{nx} - 2 \times S_y/2)/S_{ny} + 1$ 其中，l_{nx}，l_{ny}，分别为 X、Y 方向板的净跨长度；S_{nx}，S_{ny}，分别为 X、Y 向钢筋间距

3. 楼板上部非贯通筋

楼板上部非贯通筋的构造类型、构造详图及长度计算公式见表 3-6-7。

楼板上部非贯通钢筋　　　　　　　　　　　　　　　表 3-6-7

构造类型	构造详图	长度计算公式
中间支座负筋	② Φ12@120 1800	(1) 单边标注： 2×单边标注尺寸＋2×（板厚－c），当负筋为一级钢筋时，还需加 6.25d (2) 双边标注： 双边标注之和＋2×（板厚－c），当负筋为一级钢筋时，还需加 2×6.25d

构造类型	构造详图	长度计算公式
中间支座负筋	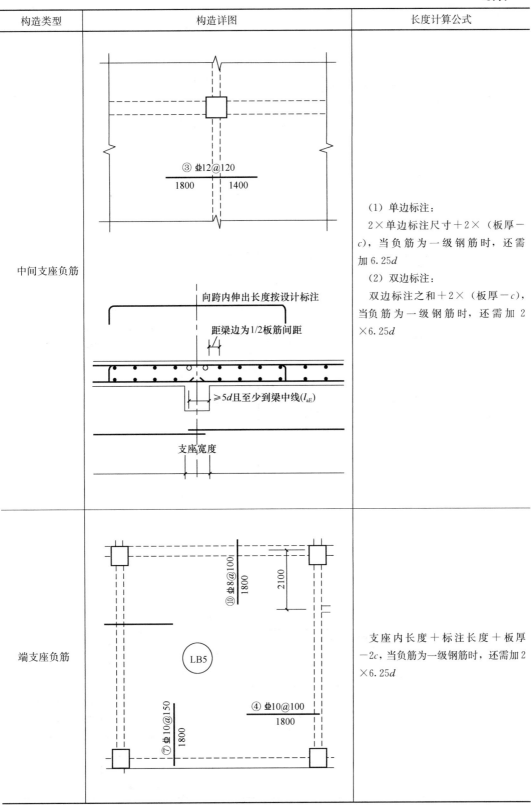	(1) 单边标注： $2\times$ 单边标注尺寸 $+2\times$（板厚 $-c$），当负筋为一级钢筋时，还需加 $6.25d$ (2) 双边标注： 双边标注之和 $+2\times$（板厚 $-c$），当负筋为一级钢筋时，还需加 $2\times6.25d$
端支座负筋		支座内长度 $+$ 标注长度 $+$ 板厚 $-2c$，当负筋为一级钢筋时，还需加 $2\times6.25d$

构造类型	构造详图	长度计算公式
跨板受力筋		两侧标注长度之和＋梁中心线间距＋两侧板厚之和－2c×2，当负筋为一级钢筋时，还需加 2×6.25d
支座负筋排布		支座负筋及跨板受力筋根数计算与底部受力筋根数计算方法一致
分布筋		单根长度： （1）X 向支座负筋的上部分布筋长度＝Y 向板净跨－Y 向支座负筋向板内伸出长度＋2×150 （2）Y 向支座负筋的上部分布筋长度＝X 向板净跨－X 向支座负筋向板内伸出长度＋2×150 当分布筋兼做抗温度、收缩应力构造钢筋时，上述搭接长度 150 需更改为受力钢筋搭接长度 l_l 分布筋根数： （1）X 向支座负筋的上部分布筋根数＝［（X 向钢筋标注长度－梁宽/2）－分布筋间距/2］/分布筋间距＋1 （2）Y 向支座负筋的上部分布筋根数＝［（Y 向钢筋标注长度－梁宽/2）－分布筋间距/2］/分布筋间距＋1

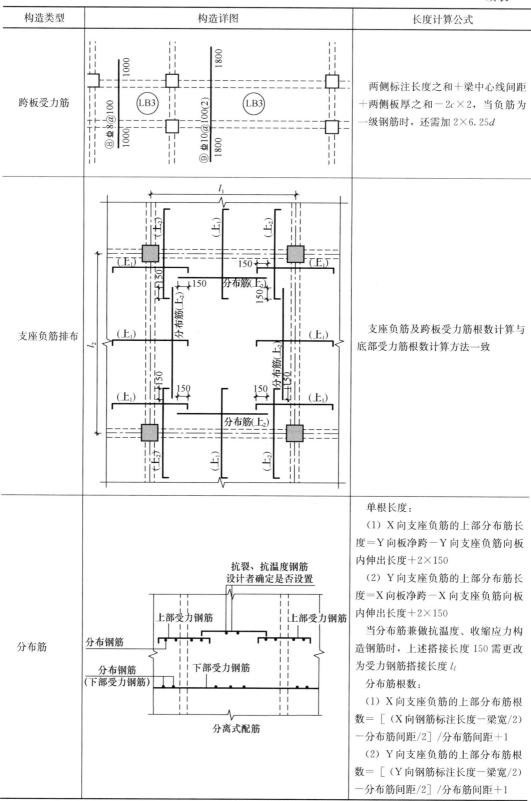

续表

构造类型	构造详图	长度计算公式
分布筋	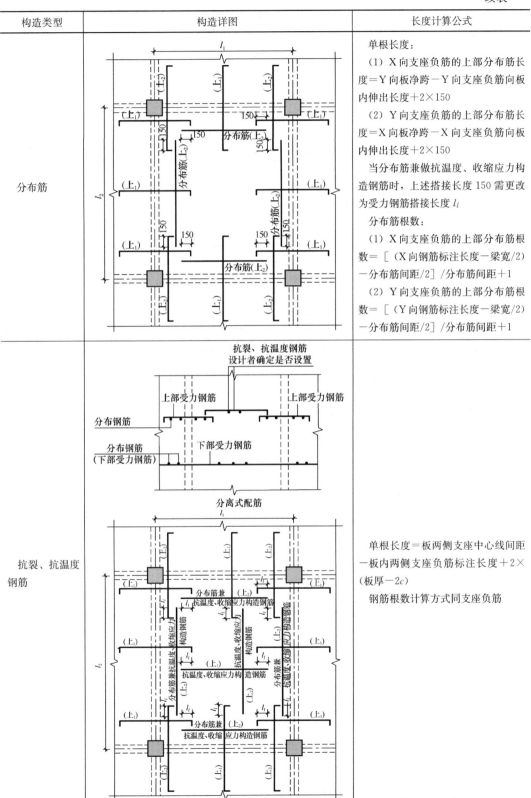	单根长度： （1）X 向支座负筋的上部分布筋长度＝Y 向板净跨－Y 向支座负筋向板内伸出长度＋2×150 （2）Y 向支座负筋的上部分布筋长度＝X 向板净跨－X 向支座负筋向板内伸出长度＋2×150 　当分布筋兼做抗温度、收缩应力构造钢筋时，上述搭接长度 150 需更改为受力钢筋搭接长度 l_l 分布筋根数： （1）X 向支座负筋的上部分布筋根数＝〔（X 向钢筋标注长度－梁宽/2）－分布筋间距/2〕/分布筋间距＋1 （2）Y 向支座负筋的上部分布筋根数＝〔（Y 向钢筋标注长度－梁宽/2）－分布筋间距/2〕/分布筋间距＋1
抗裂、抗温度钢筋		单根长度＝板两侧支座中心线间距－板内两侧支座负筋标注长度＋2×（板厚－2c） 钢筋根数计算方式同支座负筋

4. 计算实例

计算附图施工图中板 1-4/A-B 即 LB5 内受力底筋、③号支座负筋及其分布筋钢筋工程量。计算条件如下：

梁板混凝土强度等级 C30，环境类别为一类，钢筋连接方式为绑扎搭接，抗震等级为非抗震。

（1）计算参数

钢筋计算参数，见表 3-6-8。

钢筋计算参数表　　　　　　　　　　　　表 3-6-8

保护层厚度 c	梁 20mm，板 15mm
板两侧梁宽	上下梁宽 300，左右梁宽 250mm
未注明分布筋	ϕ 8@250
板厚	150mm

（2）钢筋计算过程

钢筋工程量计算过程见表 3-6-9。

钢筋工程量计算表　　　　　　　　　　　　表 3-6-9

钢筋	计算过程
X 向底筋 ϕ10@135	1）单根长度： 支座内长度：max（梁宽/2.5d）＝max（250/2.5×10）＝125mm； 净跨长度：l_{nx}＝7200－250＝6950mm； 单根长度＝2×125＋6950＝7200mm。 2）钢筋根数： 布筋长度＝Y 向净跨长度－起步距离×2＝6900－300－2×135/2＝6465mm； 根数＝布筋长度/钢筋间距＋1＝6465/135＋1＝49 根。 3）钢筋工程量： 总长度＝单根长度×根数＝7200mm×49＝352.8m； 总重量＝总长度×钢筋线密度＝352.8m×0.617kg/m＝217.68kg
Y 向底筋 ϕ10@110	1）单根长度： 支座内长度：max（梁宽/2.5d）＝max（300/2.5×10）＝150mm； 净跨长度：l_{nx}＝6900－300＝6600mm； 单根长度＝2×150＋6600＝6900mm。 2）钢筋根数： 布筋长度＝X 向净跨长度－起步距离×2＝7200－250－2×110/2＝6840mm； 根数＝布筋长度/钢筋间距＋1＝6840/110＋1＝64 根。 3）钢筋工程量： 总长度＝单根长度×根数＝6900mm×64＝441.6m； 总重量＝总长度×钢筋线密度＝441.6m×0.617kg/m＝272.47kg
③号支座负筋 ϕ12@120	1）单根长度＝两端标注长度＋两端弯折长度＝1800×2＋2×（150－2×15）＝3840mm。 2）钢筋根数： 布筋长度＝Y 向净跨长度－起步距离×2＝6900－300－2×120/2＝6480mm； 根数＝布筋长度/钢筋间距＋1＝6480/120＋1＝55 根。 3）钢筋工程量： 总长度＝单根长度×根数＝6480mm×55＝356.4m； 总重量＝总长度×钢筋线密度＝356.4m×0.888kg/m＝316.48kg

钢筋	计算过程
LB5 内③号支座负筋上部分布筋φ 8@250	1) 单根长度＝Y向板净跨－Y向支座负筋向板内伸出长度＋2×搭接＝6900－1800×2＋2×150＝3000mm。 2) 钢筋根数： 　布筋长度＝③号支座负筋板内伸出长度－起步距离＝1800－250/2－250/2＝1550mm； 　根数＝布筋长度/钢筋间距＋1＝1550/250＋1＝8 根。 3) 钢筋工程量： 　总长度＝单根长度×根数＝1550mm×8＝12.4m； 　总重量＝总长度×钢筋线密度＝12.4m×0.395kg/m＝4.90kg

任务 6.2　板构件的绘制

在广联达 BIM 土建计量平台软件中，完成梁的绘制以后，就可以布置各种板了。阅读施工图时，重点应放在识读板的受力筋、支座负筋配置情况以及板的厚度、板顶标高的识读。

绘制板构件钢筋的操作流程：

板构件的定义→板构件的绘制→板受力筋的定义→板受力筋的绘制→板负筋的定义→板负筋的绘制→查看布筋→汇总计算并查看工程量。

下面以案例图纸中二层①～⑧/ⓒ～Ⓗ区域的板钢筋绘制为例。

1. 定义板构件属性信息

单击"导航树"中 → 单击"板"前面的 ▩ 使其展开 → 双击

◻ 现浇板(B) →单击构件列表下的 ▯新建▾ →单击"新建现浇板"，新建"LB1"。重复操作建立其他板，仔细阅读二层板平法施工图，分别填写属性。在对板构件属性进行定义时，主要定义板的名称、板厚、板顶标高、马凳筋的参数等，如图 3-6-3 所示。

板构件的绘制

2. 绘制板构件

在板定义好之后，需要将板绘制到模型中，绘制板构件的命令常用的有点、直线、矩形、三点画弧等，可以根据具体情况选用不同的绘制方法（图 3-6-4）。

（1）【点】式画法，主要用于梁构件已绘制完成，在梁构件围成的空白位置点击，板就会自动充满梁所围成的区域，但是要求梁围成的空白位置必须是封闭空间。

（2）【直线】式画法，不受梁的限制，但是需要捕捉主轴网或辅助轴网的交点，连续画直线围成板的面积。

（3）【三点画弧】式画法，类似于【直线】式画法，主要用于绘制带有弧形的板。

（4）【矩形】式画法，类似于【直线】式画法，先后左键点击矩形板左上、右下角交点。

几种绘制方式根据需要可自由切换，完成板绘制后，点击鼠标右键退出板绘制命令状态（图 3-6-5）。

图 3-6-3　板构件属性的定义

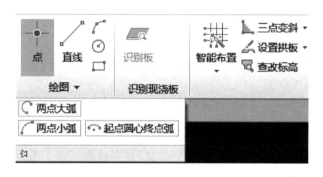

图 3-6-4　板构件的绘制方式

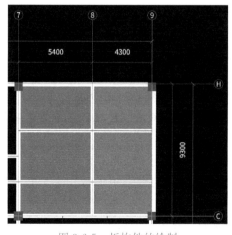

图 3-6-5　板构件的绘制

3. 受力筋的定义

不同于梁、柱、剪力墙构件，板构件的钢筋需要单独定义与绘制。受力筋分为底筋和面筋两类，双击导航树中板受力筋→点击新建板受力筋→输入受力筋名称、类别（底筋或面筋）、钢筋信息。定义信息输入之后为方便显示辨别钢筋信息，可在钢筋信息后面的附加方框内勾选附加选项（图 3-6-6）。

4. 受力筋的绘制

点击工具栏中【布置受力筋】开始进行绘制，绘制时，先判断是在单板、多板或者是自定义一个范围上布置，若是一块板上布置单击

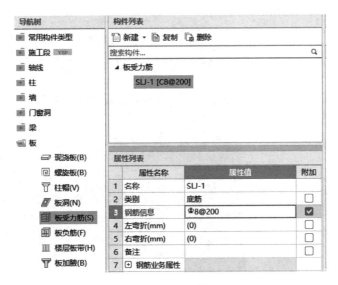

图 3-6-6　板受力筋定义

【单板】，若是多块板同时布置则点击【多板】，若是在某一个自定义区域内布置，则点击【自定义】可以自由绘制布筋范围，然后根据受力筋布置的方向选择水平布置或竖向布置，若横向竖向都是此种类型钢筋则选择 XY 方向。

水平布置（X 方向）受力筋，如图 3-6-7 所示。

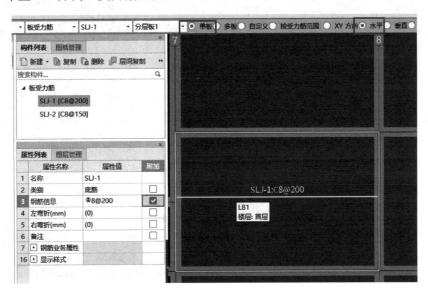

图 3-6-7　单板水平方向受力钢筋布置

垂直布置（Y 方向）受力筋，如图 3-6-8 所示。

XY 方向布置属于智能布置，如图 3-6-9 所示，若钢筋是双层双向的，此功能布置受力筋更加便捷。

布置好 LB1 钢筋之后，对于同名称的板，可以点击工具栏中【应用到同名称板】，然后选择已经布置好受力筋的 LB1 图元，再点击右键确定，其他同名称的 LB1 就都布置上

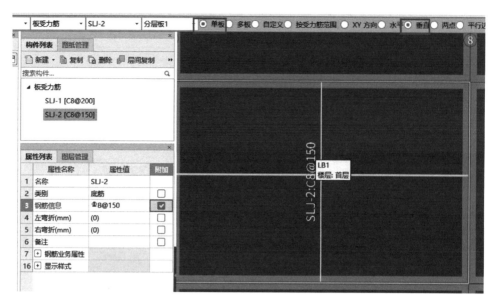

图 3-6-8　单板垂直方向受力钢筋布置

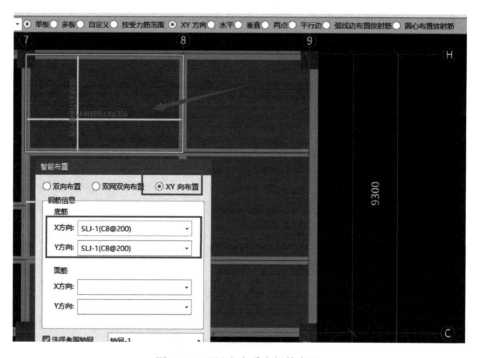

图 3-6-9　XY 方向受力钢筋布置

了相同的钢筋信息。布置完成后单击工具栏中的【查看布筋情况】可以快速检查受力筋的布置情况。

5. 负筋的定义

受力筋绘制完成后，双击导航树中板负筋→点击新建板负筋→输入负筋名称、钢筋信息、左右标注尺寸，左右标注时，如果负筋只在板内单边伸出，则只输入左标注即可。定义信息输入之后为方便显示辨别钢筋信息，可在钢筋信息后面的附加方框内勾选附加选项（图 3-6-10）。

图 3-6-10　负筋定义

6. 负筋的绘制

板负筋的布置分为【按梁布置】【按墙布置】【按板边布置】【画线布置】四种绘制方式，可根据需要选择不同方式。

例如：选择【按板边布置】，选择板边，此时被选中的板边会高亮显示，鼠标上下移动可以切换左边在板边的哪一侧，就会按定义布置板负筋，如图 3-6-11 所示。

按【按梁布置】的操作方法与【按板边布置】一致。

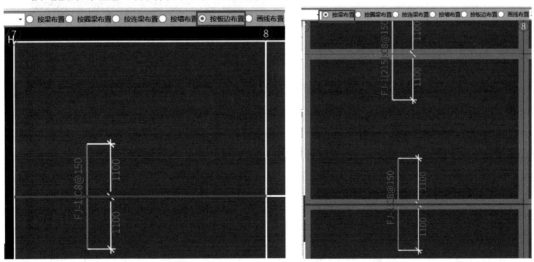

图 3-6-11　按板边、按梁布置负筋

当左右标注由于前述操作与设计图不一致时，可以在绘制完成后再左键点击钢筋线，此时显示出左右标注，可直接点击有误的标注，在标注中输入更正后的标注尺寸（图 3-6-12）。

7. 跨板受力筋的定义

当板跨较小时，常出现板负筋与板上部受力筋（或负筋）连通布置的情况，此时的跨板负筋采用软件中的受力筋中的跨板受力筋来绘制。

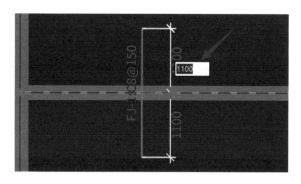

图 3-6-12　修改负筋左右标注

双击导航树中板受力筋→点击新建→新建跨板受力筋→输入跨板受力筋名称、钢筋信息、左右标注尺寸，左右标注时，如果负筋只在板内单边伸出，则只输入左标注即可。定义信息输入之后为方便显示辨别钢筋信息，可在钢筋信息后面的附加方框内勾选附加选项（图 3-6-13）。

8. 跨板受力筋的绘制

跨板受力筋的布置方式与受力筋的布置方式一致，但由于设计的原因，常常需要自定义布筋范围（图 3-6-14）。

图 3-6-13　跨板受力筋定义

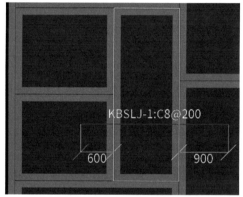

图 3-6-14　跨板受力筋布置

9. 分布筋的处理

板的分布筋不会在建模时绘制，可以在定义板负筋和跨板受力筋时定义输入，如图 3-6-15 所示。但常用的方法是在工程设置时进行定义，软件自动判断分布筋布筋范围，则后续定义板钢筋过程中则不用再定义。操作步骤为：点击菜单栏中的【工程设置】→点击钢筋设置中的【计算设置】→点击计算规则中的板→点击分布筋配置设置值一栏后面的三点标志可详细设置。本案例工程设置如图 3-6-16 所示。值得注意的是如果忘记了设置分布筋，可以返回到工程设置中重新对分布筋进行定义，但由于分布筋属于私有属性，已经绘制过的板构件分布筋不会跟随修改。

10. 汇总计算

汇总计算单击"工程量"选项板，单击"汇总计算"按钮，弹出"汇总计算"对话框，如图 3-6-17 所示。分别勾选"钢筋计算""表格输入"，单击"确定"按钮，软件开始计算。后弹出"计算汇总"对话框，如图 3-6-18 所示。

11. 查看钢筋工程量

点击【查看钢筋量】，鼠标左键框选需要查看的板受力筋或负筋等，即可查看（图 3-6-19）。如果要查看某受力筋或负筋的钢筋形状、计算长度数量、钢筋根数等详细计算过程，则需要单击"钢筋计算结果"面板里的"编辑钢筋"按钮，单击选择要查看的板

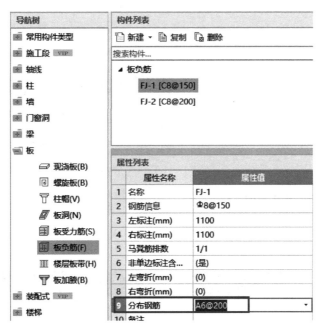

图 3-6-15　单个定义分布筋

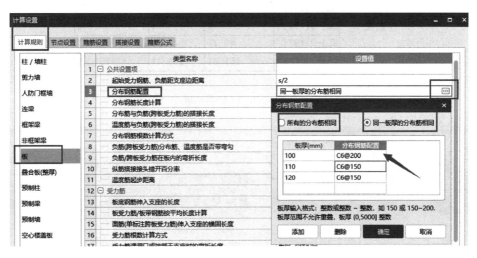

图 3-6-16　统一设置分布筋

钢筋，软件在绘图区下部弹出该板的"编辑钢筋"对话框。例如，单击选择案例中某负筋，则该负筋计算如图 3-6-20 所示。

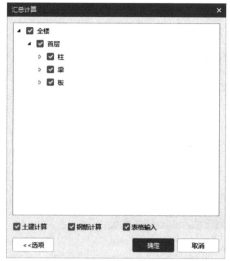

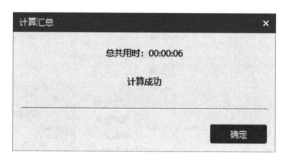

图 3-6-17 汇总计算钢筋量

图 3-6-18 计算汇总对话框

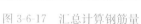

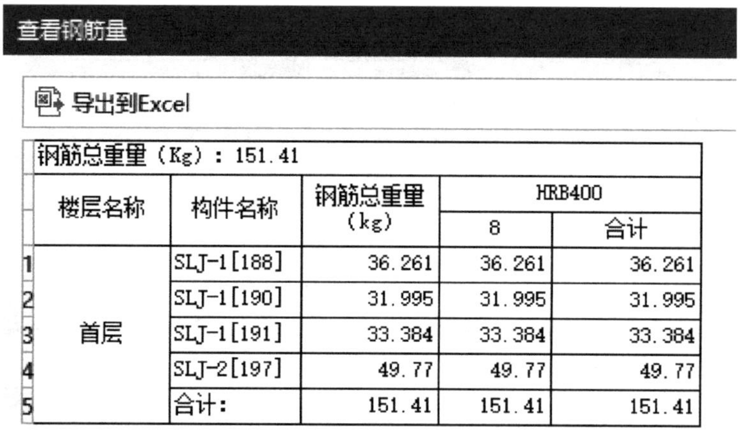

	钢筋总重量（Kg）：151.41				
	楼层名称	构件名称	钢筋总重量（kg）	HRB400	
				8	合计
1	首层	SLJ-1[188]	36.261	36.261	36.261
2		SLJ-1[190]	31.995	31.995	31.995
3		SLJ-1[191]	33.384	33.384	33.384
4		SLJ-2[197]	49.77	49.77	49.77
5		合计：	151.41	151.41	151.41

图 3-6-19 查看钢筋量

	筋号	直径(mm)	级别	图号	图形	计算公式	公式描述	长度	根数	搭接	损耗(%)	单重(kg)	总重(kg)	钢筋归类	搭接形式
1	板负筋.1	8	⌀	64	70 2200 70	1100+1100+70+70	左净长+右净长+弯折+弯折	2340	35	0	0	0.924	32.34	直筋	绑扎
2	分布筋.1	6	⌀	1	4925	5125-100-100	净长-起步-起步	4925	10	0	0	1.093	10.93	直筋	绑扎

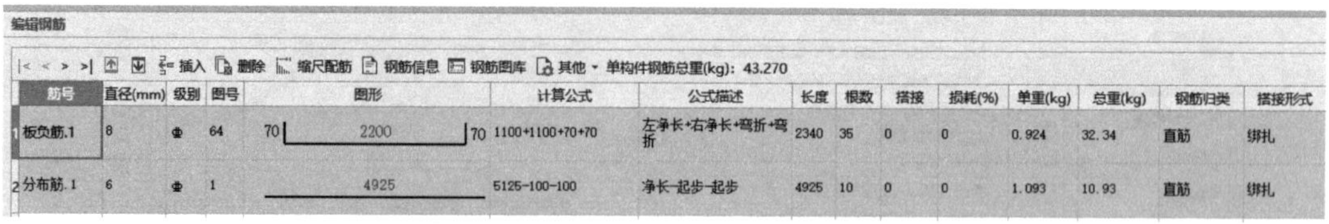

图 3-6-20 查看负筋计算

12. 查看板内钢筋立体图

单击“钢筋计算结果”面板里的“钢筋三维”按钮→单击⑦～⑧/Ⓒ～Ⓗ区域内某受力筋→单击绘图区右侧 下面的箭头→单击“西南等轴测”按钮，软件显示该受力钢筋轴测图，如图 3-6-21 所示。

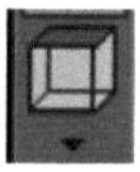

单击绘图区右侧 （动态观察）按钮，调整任意角度来观察钢筋形式。最后单击 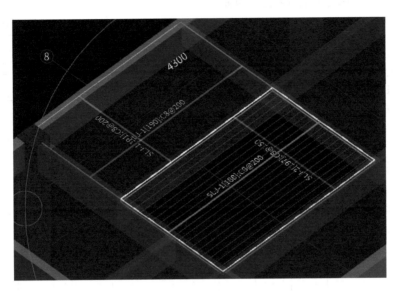（或按 Ctrl＋Enter 键）返回二维平面俯视图。

图 3-6-21　板钢筋三维

学习笔记

任务单 3-6-1　板构件钢筋工程量计算

（一）任务介绍

每三人为一个小组，通过学习板构件钢筋算量模块的知识内容，结合任务指导中的相关说明，完成教师给定的案例工程项目中任意一根板构件钢筋工程量计算任务。

（二）任务实施

根据钢筋计算表格示例格式计算以下钢筋的工程量（如无，可不填写）。

1. 计算板底部受力钢筋工程量；
2. 计算板支座负筋工程量；
3. 计算跨板受力筋工程量（若该板无跨板受力筋则不计算）；
4. 计算分布筋工程量。

学习情境6 案例图纸

钢筋手算表格

构件名称	钢筋名称	钢筋级别	钢筋直径	钢筋图样	根数	单根长度计算式	单根长度（m）	单重（kg）	总重量（kg）

备注：暂不考虑钢筋连接，如发生钢筋连接，需考虑钢筋连接方式（搭接长度或焊接、机械连接个数）。

任务单 3-6-1　成果评分表

序号	考核内容	评分标准	标准分（100分）	分值	自评	互评	师评
1	职业素养与操作规范	清查给定的图纸、图集、记录工具是否齐全，做好工作前准备	10	40			
		文字、图表作业应字迹工整、填写规范	10				
		不浪费材料且不损坏工具及设施	10				
		任务完成后，整齐摆放图纸、图集、工具书、记录工具、整理工作台面等	10				
2	板构件钢筋工程量计算（所选板构件无相应钢筋得满分）	底部受力筋工程量计算正确	15	60			
		板支座负筋工程量计算正确	15				
		跨板受力筋工程量计算正确	15				
		分布筋工程量计算正确	15				
	综合得分						
备注：综合得分＝自评分×30％＋互评分×40％＋师评分×30％							

任务单 3-6-2　板构件钢筋软件翻样

（一）任务介绍

　　课前：学习板构件及其钢筋新建、定义、绘制等软件操作的视频，熟悉软件操作基本流程。

　　课中：完成钢筋软件翻样。

（二）任务实施

　　使用广联达 BIM 土建计量平台 GTJ2021 软件建立教师给定的案例工程项目钢筋模型。

　　建模的顺序：

　　定义板构件→绘制板构件→定义受力筋→绘制受力筋→定义负筋→绘制负筋→定义绘制跨板受力筋

任务单 3-6-2　成果评分表

序号	考核内容	评分标准	标准分（100 分）	分值	自评	互评	师评
1	职业素养与操作规范	清查给定的资料是否齐全，检查计算机运行是否正常，检查软件运行是否正常，做好工作前准备	10	40			
		文字、图表作业应字迹工整、填写规范	10				
		不浪费材料和不损坏工具及设施	10				
		任务完成后，整齐摆放图纸、图集、工具书、记录工具、整理工作台面等	10				
2	板构件的绘制	板构件数量齐全，每缺一个构件扣 2 分，扣完为止	10	60			
		板构件定义属性正确，每错一项扣 1 分，扣完为止	10				
		板受力筋位置、长度正确，每错一处扣 1 分，扣完为止	20				
		板负筋位置、长度正确，每错一处扣 1 分，扣完为止	20				
综合得分							
备注：综合得分＝自评分×30％＋互评分×40％＋师评分×30％							

学习情境 7　基　础　构　件

任务 7.1　独立基础钢筋工程量的计算

7.1.1　独立基础钢筋平法识图

独立基础钢筋平法识图要点见图 3-7-1。

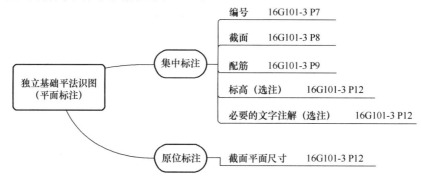

图 3-7-1　独立基础钢筋平法识图要点

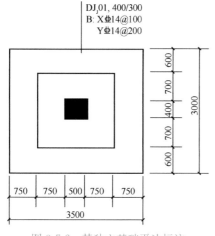

图 3-7-2　某独立基础平法标注

1. **基础平法施工图表达方式（平面标注）**

独立基础的平面注写方式是指直接在独立基础平面布置图上进行数据项的标注，可分为包括集中标注与原位标注（图 3-7-2）。

2. **独立基础构件集中标注**

普通独立基础的集中标注，系在基础平面图上集中引注：基础编号、截面竖向尺寸、配筋三项必注内容以及基础底面标高（与基础底面基准标高不同时）和必要的文字注解两项选注内容。

（1）独立基础编号

独立基础编号规则见表 3-7-1。

独立基础编号　　　　　　　　　　　　　　　　　　　表 3-7-1

类型	基础底板截面形状	代号	序号
普通独立基础	阶形	DJ_J	××
	坡形	DJ_P	××
杯口独立基础	阶形	BJ_J	××
	坡形	BJ_P	××

（2）独立基础截面竖向尺寸（必注内容）

1）当基础为阶形截面时，注写为 $h_1/h_2/h_3$，见图3-7-3。

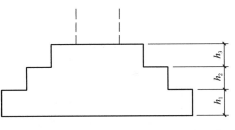

【例3-7-1】当阶形截面普通独立基础 DJ_J ××的竖向尺寸注写为 400/300/300 时，表示 $h_1 = 400mm$，$h_2 = 300mm$，$h_3 = 300mm$，基础总高度为 1000mm。

图3-7-3　阶形截面普通独立基础竖向尺寸

当有更多阶时，各阶尺寸自下而上用"/"分隔顺写；当基础为单阶时，其竖向尺寸仅为一个，即为基础总高度。

2）当基础为坡形截面时，注写为 h_1/h_2，见示意图3-7-4。

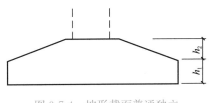

图3-7-4　坡形截面普通独立基础竖向尺寸

【例3-7-2】当坡形截面普通独立基础 DJ_P ××的竖向尺寸注写为 350/200 时，表示 $h_1 = 350mm$，$h_2 = 200mm$，基础总高度为 550mm。

（3）独立基础配筋（必注内容）

独立基础底板配筋。独立基础的底部双向配筋注写规定如下：

1）以 B 代表各种独立基础底板的底部配筋。

2）X 向配筋以 X 打头、Y 向配筋以 Y 开头注写；当两向配筋相同时，则以 X&Y 开头注写。

【例3-7-3】当独立基础底板配筋标注为：B：X Φ 14@100，Y Φ 14@200，表示基础底板底部配置 HRB400 级钢筋，X 向钢筋直径为 14mm，间距 100mm；Y 向钢筋直径为 14mm，间距 200mm。

（4）注写基础底面标高（选注内容）。当独立基础的底面标高与基础底面基准标高不同时，应将独立基础底面标高直接注写在"（）"内。

（5）必要的文字注解（选注内容）。当独立基础的设计有特殊要求时，宜增加必要的文字注解。例如，基础底板配筋长度是否采用减短方式等，可在该项内注明。

3. 独立基础原位标注

独立基础的原位标注是指在基础平面布置图上标注独立基础的平面尺寸。对相同编号的基础，可选择一个进行原位标注；当平面图形较小时，可将所选定进行原位标注的基础按比例适当放大；其他相同编号者仅注编号。

原位标注的具体内容规定：

原位标注 x、y、x_c、y_c（或圆柱直径 d_c），x_i、$y_i(i = 1, 2, 3\cdots\cdots)$。其中，$x$、$y$ 为普通独立基础两向边长，x_c、y_c 为柱截面尺寸，x_i、y_i 为阶宽或坡形平面尺寸（当设置短柱时，应标注短柱的截面尺寸）。

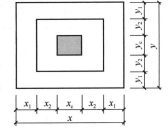

对称阶形截面普通独立基础的原位标注，见图3-7-5；非对称阶形截面普通独立基础的原位标注，见图3-7-6；设置短柱独立基础的原位标注，见图3-7-7。

图3-7-5　对称阶形截面普通独立基础原位标注

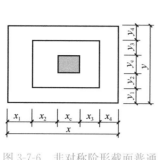

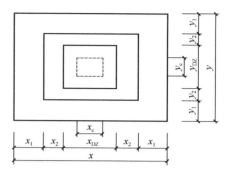

图 3-7-6　非对称阶形截面普通
独立基础原位标注

图 3-7-7　带短柱独立基础的
原位标注

4. 多柱独立基础原位标注

多柱独立基础的编号、几何尺寸和配筋的标注方法与单柱独立基础相同。

（1）双柱独立基础底板顶部配筋。

双柱独立基础的顶部配筋，通常对称分部在双柱中心线两侧。以大写字母"T"开头，注写为：双柱间纵向受力钢筋/分布钢筋。当纵向受力钢筋在基础底板顶面非满布时，应注明其总根数。

【例 3-7-4】 T：9 ⊈ 18 @ 100/Φ 10 @ 200：表示独立基础顶部配置纵向受力钢筋 HRB400 级，直径为 18mm，设置 9 根，间距为 100mm；分布筋 HPB300 级，直径为 10mm，间距为 200mm（图 3-7-8）。

（2）双柱独立基础的基础梁配筋

当双柱独立基础为基础底板与基础梁相结合时，注写基础梁的编号、几何尺寸和配筋。如 JL××1）表示该基础梁为 1 跨，两端无外伸；JL××（1A）表示该基础梁为 1 跨，一端有外伸；JL××（1B）表示该基础梁为 1 跨，两端均有外伸（图 3-7-9）。

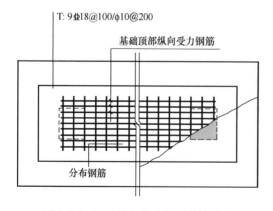

图 3-7-8　双柱独立基础顶部配筋示意

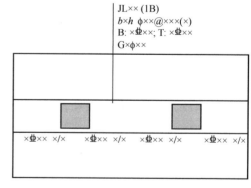

图 3-7-9　双柱独立基础的基础梁配筋注写示意

（3）配置两道基础梁的四柱独立基础底板顶部配筋

当四柱独立基础已设置两道平行的基础梁时，根据内力需要可在双梁之间及梁的长度范围内配置基础顶部钢筋，注写为：梁间受力钢筋/分布钢筋。

【例 3-7-5】T：$\mathbf{\Phi}$ 16@120/ϕ 10@200：表示在四柱独立基础顶部两道基础梁之间配置纵向受力钢筋 HRB400 级，直径为 16mm，间距为 120mm；分布筋 HPB300 级，直径为 10mm，间距为 200mm（图 3-7-10）。

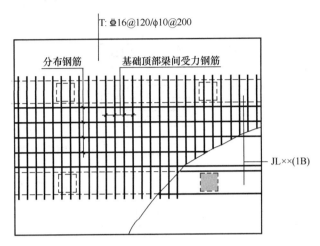

图 3-7-10　四柱独立基础底板顶部基础梁间配筋注写示意

7.1.2　独立钢筋工程量计算

1. 独立基础底板底筋

独立基础底板底筋构造类型、构造详图及长度计算公式见表 3-7-2、表 3-7-3。

独立基础底板底筋 表 3-7-2

构造类型	构造详图	长度计算公式
一般构造	(a) 阶形 (b) 坡形	单根长＝基础边长－2×c 根数＝［基础边长－2×min（75，s/2）］＋1

续表

构造类型	构造详图	长度计算公式
对称缩减 10%	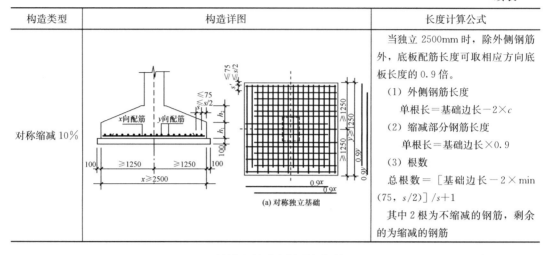 (a) 对称独立基础	当独立 2500mm 时，除外侧钢筋外，底板配筋长度可取相应方向底板长度的 0.9 倍。 (1) 外侧钢筋长度 　单根长＝基础边长－2×c (2) 缩减部分钢筋长度 　单根长＝基础边长×0.9 (3) 根数 　总根数＝［基础边长－2×min(75，$s/2$)］/s＋1 其中 2 根为不缩减的钢筋，剩余为缩减的钢筋

双柱独立基础底板顶部钢筋　　　　表 3-7-3

构造类型	构造详图	长度计算公式
顶部受力钢筋		(1) 单根长度＝两柱内侧净距＋2×l_a (2) 根数 非满布时，由设计标注； 满布时，根数＝［顶台阶横向宽度－2×min(75，$s/2$)］/s＋1
分布钢筋	顶柱间纵向配筋 分布钢筋 双柱普通独立基础配筋构造	满布时： (1) 单根长度＝顶台阶横向宽度－2c (2) 根数＝（纵向受力筋长度－s）/s＋1 非满布时： (1) 单根长度＝纵向受力筋布置范围宽度＋150mm (2) 根数：同满布情况

2. 计算实例（选取典型构件）

计算附图"长沙市某学校食堂独立基础 DJ-1"的钢筋工程量（图纸见二维码）。

（1）计算参数

钢筋计算参数，见表 3-7-4。

学校食堂独立基础 DJ-1 钢筋工程量

钢筋计算参数表　　　　表 3-7-4

参数明细	参数值	数据来源
抗震等级	三级	结构设计说明（结施图 1）
基础保护层厚度 c	40mm	结构设计说明（结施图 1）

（2）钢筋计算过程（表 3-7-5）

钢筋工程量计算过程		表 3-7-5

钢筋	计算过程	
板底钢筋	1）判断是否有缩减； 2）计算 X 向钢筋单根长度和根数； 3）计算 Y 向钢筋单根长度和根数	
X 向钢筋单根长度	1）外侧钢筋长度：$4400-2\times40=4320mm$ 2）缩减部分钢筋长度：$4400\times0.9=3960mm$	
X 向钢筋根数	总根数＝$[4400-2\times min(75,100/2)]/100+1＝[4400-2\times50]/100+1＝44$ 根 其中 2 根为不缩减的钢筋，剩余的 42 根为缩减的钢筋	
X 向钢筋总长度	总长度＝$4320\times2+3960\times42=174960mm$	
Y 向钢筋单根长度	1）外侧钢筋长度：$4400-2\times40=4320mm$ 2）缩减部分钢筋长度：$4400\times0.9=3960mm$	
Y 向钢筋根数	总根数＝$[4400-2\times min(75,100/2)]/100+1＝[4400-2\times50]/100+1＝44$ 根 其中 2 根为不缩减的钢筋，剩余的 42 根为缩减的钢筋	
Y 向钢筋总长度	总长度＝$4320\times2+3960\times42=174960mm$	

任务 7.2　独立基础的绘制

在广联达 BIM 土建计量平台软件中，完成轴网的绘制以后，就可以布置独立基础了。阅读施工图时，重点应放在识读独立基础的截面尺寸、竖向尺寸和配筋信息上，画图时要注意布置位置与图纸一致。

下面以基础层独立基础 DJ-1 为例，具体讲解独立基础绘制方法。

1. 定义独立基础属性信息

（1）方法一：分阶段建模

单击"导航树"中→单击"基础"前面的 使其展开→双击 独立基础(D)→单击构件列表下的

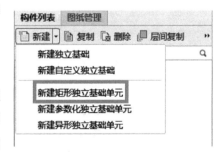

图 3-7-11　新建矩形独立基础单元

新建 →单击"新建独立基础"→重复单击构件列表下的 新建 →单击"新建矩形独立基础

单元"（图 3-7-11），此时建立第一阶独立基础，输入截面尺寸、高度、底部受力钢筋信息（图 3-7-12）；重复单击"新建矩形独立基础单元"，此时建立第二阶独立基础，输入截面尺寸、高度，需注意第二阶独立基础中无钢筋，必须将属性中有关底部受力钢筋信息删除（图 3-7-13）。

（2）方法二：参数化建模

单击"导航树"中→单击"基础"前面的  使其展开→双击  **独立基础(D)**→单击构件列表下的 🗋 **新建** ▾→单击"新建独立基础"→重复单击构件列表下的 🗋 **新建** ▾→单击"新建参数化独立基础单元"（图 3-7-14），选择参数化截面图形为（独立基础三台），输入截面尺寸（图 3-7-15）、高度信息（图 3-7-16）。需注意的是：DJ-1 为二阶独立基础，则输入高度尺寸时，应将 h_3 高度输为"0"。信息输入完毕后单击"确认"→输入底部钢筋信息（图 3-7-17）。

图 3-7-12　信息输入

图 3-7-13　删除受力钢筋信息

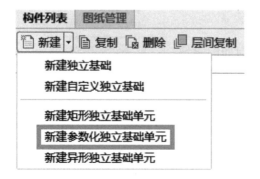

图 3-7-14　新建参数化独立基础单元

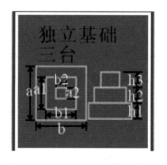

图 3-7-15　输入截面尺寸信息

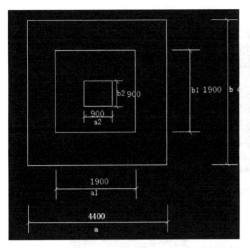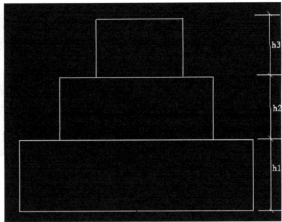

图 3-7-16　输入高度信息

2. 绘制独立基础

绘制独立的命令常用的有点、智能布置等。具体操作过程为：

（1）点 **点**。分割基础平面图→选择要绘制的独立基础→选择图纸对应位置点击→

点击鼠标右键确定结束。若图纸上独立基础的中心点位置不易识别，则可使用"F4"命令切换插入点（图 3-7-18）。

	属性名称	属性值	附加
1	名称	DJ-2-1	
2	截面形状	独立基础三台	☐
3	截面长度(mm)	4400	☐
4	截面宽度(mm)	4400	☐
5	高度(mm)	850	☐
6	横向受力筋	Φ14@100	☐
7	纵向受力筋	Φ14@100	☐
8	材质	现浇混凝土	☐
9	混凝土类型	(泵送砼(坍落度17...	☐
10	混凝土强度等级	(C35)	☐
11	混凝土外加剂	(无)	
12	泵送类型	(混凝土泵)	
13	相对底标高(m)	(0)	☐
14	截面面积(m²)	19.36	☐

图 3-7-17　输入底部钢筋信息

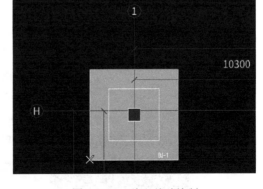

图 3-7-18　独立基础绘制

（2）智能布置 **智能布置**。选择要绘制的独立基础→单击"智能布置"→选择"轴线"

→拉框选择需要布置的轴线（图 3-7-19）→完成布置（图 3-7-20）。

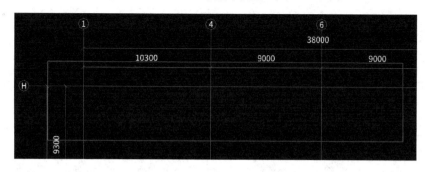

图 3-7-19　选择布置轴线

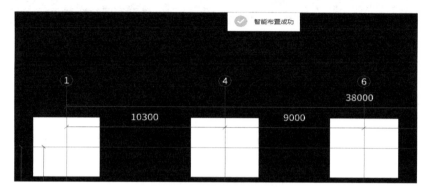

图 3-7-20　布置完成

3. 汇总计算并查看钢筋量

选中一个 DJ-1，右击选择"汇总选中图元"（图 3-7-21）。计算完成后，右击选择"查看钢筋量"（图 3-7-22），独立基础 DJ-1 钢筋工程量明细如图 3-7-23 所示。如果要查看每一种的钢筋形状、计算长度数量等，则需要单击"钢筋计算结果"面板里的"编辑钢筋"按钮，软件在绘图区下部弹出该独立基础的"编辑钢筋"对话框。

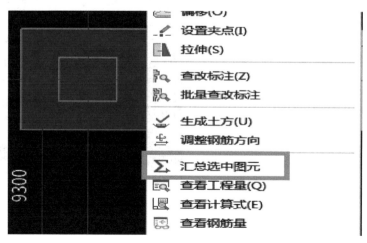

图 3-7-21　汇总选中图元

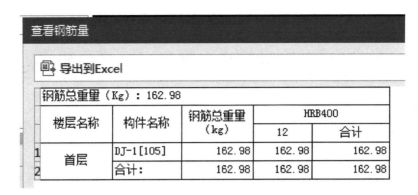

查看钢筋量

导出到Excel

钢筋总重量（Kg）：162.98				
楼层名称	构件名称	钢筋总重量（kg）	HRB400	
			12	合计
首层	DJ-1[105]	162.98	162.98	162.98
	合计：	162.98	162.98	162.98

图 3-7-22　查看钢筋量

编辑钢筋

|< < > >| 插入 删除 缩尺配筋 钢筋信息 钢筋图库 其他 · 单构件钢筋总重(kg)：162.980

	筋号	直径(mm)	级别	图号	图形	计算公式	公式描述	长度	根数	搭接	损耗(%)	单重(kg)	总重(kg)	钢筋归类	搭接形
1	横向底筋.1	12	Φ	1	4310	4400-45-45	净长-保护层-保护层	4310	2	0	0	3.827	7.654	直筋	绑扎
2	横向底筋.2	12	Φ	1	3960	0.9*4400	0.9*基础底长	3960	21	0	0	3.516	73.836	直筋	绑扎
3	纵向底筋.1	12	Φ	1	4310	4400-45-45	净长-保护层-保护层	4310	2	0	0	3.827	7.654	直筋	绑扎
4	纵向底筋.2	12	Φ	1	3960	0.9*4400	0.9*基础底宽	3960	21	0	0	3.516	73.836	直筋	绑扎

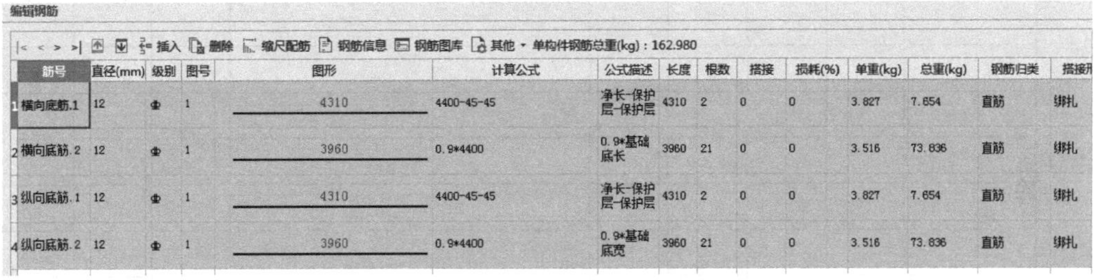

图 3-7-23　钢筋工程量明细

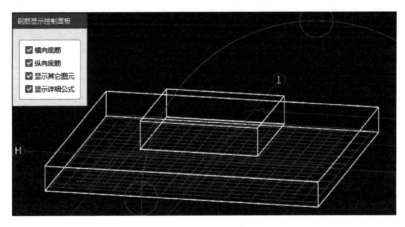

图 3-7-24　编辑钢筋对话框

4. 查看独立基础内钢筋立体图

单击“钢筋计算结果”面板里的“钢筋三维”按钮→单击 DJ-1→单击绘图区右侧 下面的箭头→单击“西南等轴测”按钮，软件显示 DJ-1 内部的钢筋轴测图。选择“钢筋显示控制面板”中的不同项，绘图区将显示独立基础内不同类型的钢筋（图 3-7-24）。

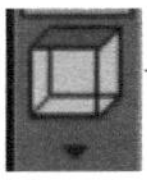

单击绘图区右侧 （动态观察）按钮，调整任意角度来观察钢筋形式。最后单击 （或按 Ctrl＋Enter 键）返回二维平面俯视图。

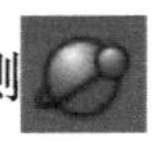

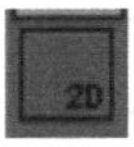

任务单 3-7-1　独立基础钢筋工程量计算

（一）任务介绍

每三人为一个小组，通过学习独立基础钢筋算量模块的知识内容，结合任务指导中的相关说明，完成教师给定的案例工程项目中任意一独立基础钢筋工程量计算任务。

（二）任务实施

根据钢筋计算表格示例格式计算以下钢筋的工程量（如无，可不填写）。

1. 计算独立基础 X 向钢筋工程量；

2. 计算独立基础 Y 向钢筋工程量。

钢筋手算表格

学习情境7 案例图纸

构件名称	钢筋名称	钢筋级别	钢筋直径	钢筋图样	根数	单根长度计算式	单根长度（m）	单重（kg）	总重量（kg）

任务单 3-7-1　成果评分表

序号	考核内容	评分标准	标准分（100分）	分值	自评	互评	师评
1	职业素养与操作规范	清查给定的图纸、图集、记录工具是否齐全，做好工作前准备	10	40			
		文字、图表作业应字迹工整、填写规范	10				
		不浪费材料且不损坏工具及设施	10				
		任务完成后，整齐摆放图纸、图集、工具书、记录工具、整理工作台面等	10				
2	独立基础钢筋工程量计算	X 向不缩减钢筋单根长度	10	60			
		X 向缩减钢筋单根长度	10				
		X 向钢筋根数（包括不缩减钢筋和缩减钢筋）	10				
		Y 向不缩减钢筋单根长度	10				
		Y 向缩减钢筋单根长度	10				
		Y 向钢筋根数（包括不缩减钢筋和缩减钢筋）	10				
综合得分							

备注：综合得分＝自评分×30%＋互评分×40%＋师评分×30%

任务单 3-7-2　独立基础钢筋软件翻样

（一）任务介绍

　　课前：学习独立基础新建、定义、绘制等软件操作的视频，熟悉软件操作基本流程。

　　课中：完成钢筋软件翻样。

（二）任务实施

　　使用 BIM 建模软件建立教师给定的案例工程项目中基础层独立基础钢筋模型。

　　建模的顺序：

　　1. 新建独立基础，定义该构件，包括：基础编号、截面竖向尺寸、配筋三项必注内容，以及基础底面标高等。

　　2. 绘制独立基础，按照基础平面施工图，绘制各独立基础。

任务单 3-7-2　成果评分表

序号	考核内容	评分标准	标准分（100 分）	分值	自评	互评	师评
1	职业素养与操作规范	清查给定的资料是否齐全，检查计算机运行是否正常，检查软件运行是否正常，做好工作前准备	10	40			
		文字、图表作业应字迹工整、填写规范	10				
		不浪费材料且不损坏工具及设施	10				
		任务完成后，整齐摆放图纸、图集、工具书、记录工具、整理工作台面等	10				
2	独立基础的绘制	独立基础类型定义正确，错误扣 10 分	10	60			
		截面尺寸定义正确，错误一处扣 5 分	10				
		竖向尺寸定义正确，错误一处扣 5 分	10				
		板底配筋信息定义正确，错误一处扣 5 分	10				
		根据图纸要求修改工程设置准确，未修改一处扣 5 分	10				
		构件位置布置准确，布置位置与图纸不一致，错误一处扣 5 分	10				
综合得分							
备注：综合得分＝自评分×30％＋互评分×40％＋师评分×30％							

学习情境 8　桩 基 础 承 台

任务 8.1　桩基础承台钢筋工程量的计算

8.1.1　桩承台基础钢筋平法识图

桩承台基础钢筋平法识图要点见图 3-8-1。

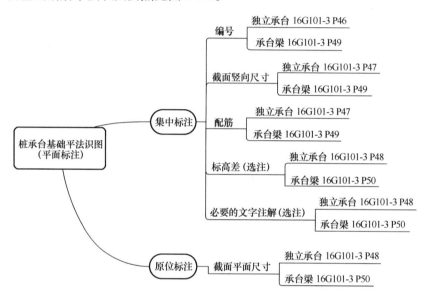

图 3-8-1　桩承台基础钢筋平法识图要点

1. 独立承台平法施工图表达方式（平面标注）

独立承台的平面注写可分为集中标注与原位标注。

（1）独立承台构件集中标注

独立承台的集中标注，系在承台平面图上集中引注：独立承台编号、截面竖向尺寸、配筋三项必注内容以及承台底面标高（与承台底面基准标高不同时）和必要的文字注解两项选注内容。

1）独立承台编号（表 3-8-1）

独立承台编号表 表 3-8-1

类型	独立承台截面形状	代号	序号	说明
独立承台	阶形	CT$_J$	××	单阶截面即为平板式独立承台
	坡形	CT$_P$	××	

注：杯口独立承台代号可为 BCT$_J$ 和 BCT$_P$，设计注写方式可参照杯口独立基础，施工详图应由设计者提供。

2) 独立承台截面竖向尺寸（必注内容）

① 当基础为阶形截面时，注写为 $h_1/h_2/h_3$，各阶尺寸自下而上用"/"分隔顺写。当阶形截面独立承台为单阶时，截面竖向尺寸仅为一个，且为独立承台总高度（图 3-8-2）。

② 当独立承台为坡形截面时，截面竖向尺寸注写为 h_1/h_2（图 3-8-3）。

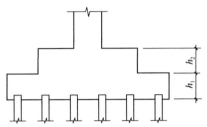

图 3-8-2 阶形截面独立承台竖向尺寸　　　图 3-8-3 坡形截面独立承台竖向尺寸

3) 独立承台配筋（必注内容）

底部与顶部双向配筋应分别注写，顶部配筋仅用于双柱或四柱等独立承台。当独立承台顶部无配筋时则不注顶部。注写规定如下：

① 以 B 开头注写底部配筋；以 T 开头注写顶部配筋。

② 矩形承台 X 向配筋以 X 开头、Y 向配筋以 Y 开头注写；当两向配筋相同时，则以 X&Y 开头注写。

③ 当为等边三桩承台时，以"△"打头，注写三角布置的各边受力钢筋（注明根数并在配筋值后注写"×3"），在"/"后注写分布钢筋，不设分布钢筋时可不注写。

【例 3-8-1】△4 ⚼ 16@120×3/Φ 10@200.

④ 当为等腰三桩承台时，以"△"打头注写等腰三角形底边的受力钢筋＋两对称斜边的受力钢筋（注明根数并在两对称配筋值后注写"×2"），在"/"后注写分布钢筋，不设分布钢筋时可不注写。

【例 3-8-2】△4 ⚼ 16@120＋3 ⚼ 16@120×2/Φ 10@200.

⑤ 当为多边形（五边形或六边形）承台或异性独立承台，且采用 X 向和 Y 向正交配筋时，注写方式与矩形独立承台相同。

⑥ 两桩承台可按承台梁进行标注。

4) 注写基础底面标高（选注内容）。当独立承台的底面标高与桩基承台底面基准标高不同时，应将独立承台底面标高直接注写在"（ ）"内。

5) 必要的文字注解（选注内容）。当独立承台的设计有特殊要求时，宜增加必要的文字注解。

（2）独立承台构件原位标注

独立承台的原位标注，系在桩基承台平面布置图上标注独立承台的平面尺寸，相同编号的独立承台，可仅选择一个进行标注，其他仅注编号。注写规定如下：

1) 矩形独立承台：原位标注 x、y、x_c、y_c（或圆柱直径 d_c），x_i、y_i、a_i、b_i($i = 1, 2, 3\cdots$)。其中，x、y 为独立承台两向边长，x_c、y_c 为柱截面尺寸，x_i、y_i 为阶宽或坡形平面尺寸，a_i、b_i 为桩的中心距及边距（a_i、b_i 根据具体情况可不注）（图 3-8-4）。

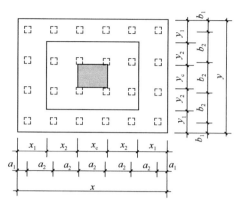

图 3-8-4　矩形独立承台平面原位标注

2）三桩承台。结合 X、Y 双向定位，原位标注 x 或 y，x_c、y_c（或圆柱直径 d_c），x_i、$y_i(i=1,2,3\cdots)$，a。其中，x、y 为三桩独立承台平面垂直于底边的高度，x_c、y_c 为柱截面尺寸，x_i、y_i 为承台分尺寸和定位尺寸，a 为桩中心距切角边缘的距离。等边三桩独立承台平面原位标注（图 3-8-5）、等腰三桩独立承台平面原位标注（图 3-8-6）。

3）多边形独立承台。结合 X、Y 双向定位，原位标注 x 或 y，x_c、y_c（或圆柱直径 d_c），x_i、y_i、$a_i(i=1,2,3\cdots)$。具体设计时，可参照矩形独立承台或三桩独立承台的原位标注规定。

2. 承台梁平法施工图表达方式（平面标注）

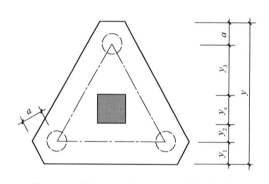

图 3-8-5　等边三桩独立承台平面原位标注

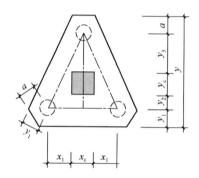

图 3-8-6　等腰三桩独立承台平面原位标注

承台梁 CTL 的平面注写可分为集中标注与原位标注。

（1）承台梁集中标注

承台梁的集中标注，系在承台梁平面图上集中引注：承台梁编号、截面尺寸、配筋三项必注内容，以及承台梁底面标高（与承台底面基准标高不同时）、必要的文字注解两项选注内容。

1）承台梁编号（必注内容）（表 3-8-2）

承台梁编号　　　　　　　　　　　　　　　　　　　　　　表 3-8-2

类型	代号	序号	跨数及有无外伸
承台梁	CTL	××	（××）端部无外伸 （××A）一端有外伸 （××B）两端有外伸

2）截面尺寸（必注内容）

注写 $b \times h$，表示梁截面宽度与高度。

3）承台梁配筋（必注内容）

① 承台梁箍筋

A. 当具体设计仅采用一种箍筋间距时，注写钢筋级别、直径、间距与肢数（箍筋肢数写在括号内，下同）。

B. 当具体设计采用两种箍筋间距时，用"/"分隔不同箍筋的间距，此时，设计应指定其中一种箍筋间距的布置范围。

② 承台梁底部、顶部及侧面纵向钢筋

A. 以 B 开头，注写承台梁底部贯通纵筋。

B. 以 T 开头，注写承台梁顶部贯通纵筋。

【例 3-8-3】B：4Φ22；T：6Φ25，表示承台梁底部配置贯通纵筋 4Φ22，梁顶部配置贯通纵筋 6Φ25。

③ 当梁底部或顶部贯通纵筋多于一排时，用"/"将各排纵筋自上而下分开。

④ 以大写字母 G 开头注写承台梁侧面对称设置的纵向构造钢筋的总配筋值（当梁腹板高度 $h_w \geqslant 450$ 时，根据需要配置）。

【例 3-8-4】G6Φ12，表示梁每个侧面配置纵向构造钢筋 3Φ12，共配置 6Φ12。

4）承台梁底面标高（选注内容）

当承台梁底面标高与桩基承台底面基准标高不同时，将承台梁底面标高注写在括号内。

5）必要的文字注解（选注内容）

当承台梁的设计有特殊要求时，宜增加必要的文字注解。

（2）承台梁原位标注

承台梁的原位标注规定如下：

1）原位标注承台梁的附加箍筋或（反扣）吊筋

当需要设置附加附近或（反扣）吊筋时，将附加箍筋或（反扣）吊筋直接画在平面图中的承台梁上，原位直接引注总配筋值（附加箍筋的指数注在括号内）。当多数梁的附加箍筋或（反扣）吊筋相同时，可在桩基承台平法施工图上统一注明，少数与统一注明值不同时，再原位直接引注。

2）原位注写修正内容

当在承台梁上集中标注的某项内容（如截面尺寸、箍筋、底部与顶部贯通纵筋或架立筋、梁侧面纵向构造钢筋、梁底面标高等）不适用于某跨或某外伸部位时，将其修正内容原位标注在该跨或该外伸部位，施工时原位标注取值，桩基优先。

3. 桩基承台的截面注写方式

（1）桩基承台的截面注写方式，可分为截面标注和列表注写（结合截面示意图）两种表达方式。采用截面注写方式，应在桩基平面布置图上对所有桩基承台进行编号。

（2）桩基承台的截面注写方式，可参照独立基础及条形基础的截面注写方式，完成设计施工图的表达。

8.1.2　独立承台钢筋工程量计算

1. 独立承台底板底筋

独立承台底板底筋的构造类型、构造详图及长度计算公式见表 3-8-3。

独立承台底板底筋　　　　　　　　　　　　　　　　　　　表 3-8-3

构造类型	构造详图	长度计算公式
矩形独立承台	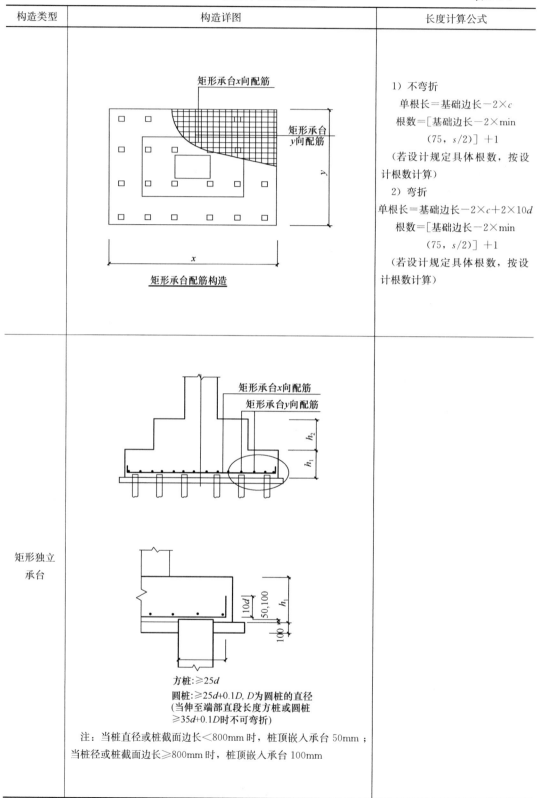	1）不弯折 单根长＝基础边长－2×c 根数＝[基础边长－2×min (75, s/2)]＋1 （若设计规定具体根数，按设计根数计算） 2）弯折 单根长＝基础边长－2×c＋2×10d 根数＝[基础边长－2×min (75, s/2)]＋1 （若设计规定具体根数，按设计根数计算）

矩形承台x向配筋

矩形承台y向配筋

矩形承台配筋构造

矩形承台x向配筋

矩形承台y向配筋

h_2　h_1

$10d$　$50,100$　h_1

100

方桩:≥25d

圆桩:≥25d+0.1D, D为圆桩的直径
（当伸至端部直段长度方桩或圆桩
≥35d+0.1D时不可弯折）

注：当桩直径或桩截面边长<800mm 时，桩顶嵌入承台 50mm；
当桩径或桩截面边长≥800mm 时，桩顶嵌入承台 100mm

构造类型	构造详图	长度计算公式
多边形 独立 承台	 分布钢筋（三边相同）　斜边受力钢筋（三边相同） 底边受力钢筋 10d　50.100　h_1　100 100 方桩：≥25d 圆桩：≥25d+0.1D，D圆桩直径 （当伸入端部直段长度方桩≥35d或圆桩≥35d+0.1D可不弯折） 伸至承台边缘弯折10d　水平段长度≥35d+0.1D时可不弯折　≥25d+0.1D 伸至承台边缘弯折10d　水平段长度≥35d时可不弯折　≥25d 三桩承台受力钢筋端部构造	1）不弯折 单根长＝基础边长－2×c 根数＝［布置范围－2×min（75，s/2）］＋1 （若设计规定具体根数，按设计根数计算） 2）弯折 单根长＝基础边长－2×c＋2×10d 根数＝［布置范围－2×min（75，s/2）］＋1 （若设计规定具体根数，按设计根数计算）

2. 承台梁钢筋

承台梁钢筋的构造类型、构造详图及长度计算公式见表 3-8-4。

承台梁钢筋　　　　　　　　　　　　　　　　　　　　　　　**表 3-8-4**

构造类型	构造详图	长度计算公式
底部（顶部）贯通纵筋	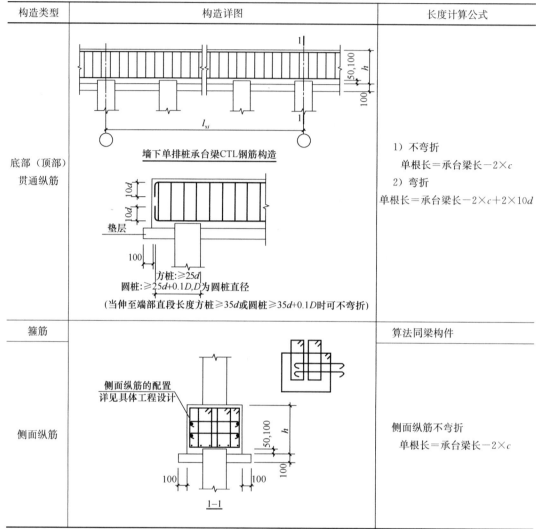 墙下单排桩承台梁CTL钢筋构造 方桩：≥25d 圆桩：≥25d+0.1D,D为圆桩直径 （当伸至端部直段长度方桩≥35d或圆桩≥35d+0.1D时可不弯折）	1）不弯折 　单根长＝承台梁长－2×c 2）弯折 单根长＝承台梁长－2×c+2×10d
箍筋		算法同梁构件
侧面纵筋	侧面纵筋的配置详见具体工程设计 1—1	侧面纵筋不弯折 　单根长＝承台梁长－2×c

3. 计算实例（选取典型构件）

计算附图"长沙市某学校教学楼承台平面布置图"CT1 的钢筋工程量（图纸见二维码）。

教学楼承台平面布置图CT1钢筋工程量

（1）计算参数

钢筋计算参数见表 3-8-5。

钢筋计算参数表　　　　　　　　　　　　　　　　　　　　　　　**表 3-8-5**

参数明细	参数值	数据来源
抗震等级	三级	结构设计说明（结施 图1）
基础保护层厚度 c	40mm	结构设计说明（结施 图1）

（2）钢筋计算过程（表 3-8-6）

<table>
<tr><th colspan="2">钢筋工程量计算表　　　　　　　　　　　　　　　　　　　　表 3-8-6</th></tr>
<tr><th>钢筋类型</th><th>计算过程</th></tr>
<tr><td>板底钢筋</td><td>1）判断钢筋端头收头方式（是否弯折）；
2）计算 X 向钢筋单根长度和根数；
3）计算 Y 向钢筋单根长度和根数</td></tr>
<tr><td>判断钢筋端头收头方式</td><td>$35d+0.1D=35\times20+0.1\times1100=810mm$
从桩内侧边算起的钢筋直段长=1850mm
因为 600mm<810mm，所以 CT2 中承台钢筋伸至端部不弯折</td></tr>
<tr><td>X 向钢筋单根长度</td><td>钢筋长度：$2600-2\times40=2520mm$</td></tr>
<tr><td>X 向钢筋根数</td><td>总根数=［$2600-2\times$min（75，150/2）］/150+1=［$2600-2\times75$］/150+1=18 根</td></tr>
<tr><td>X 向钢筋总长度</td><td>总长度=$2520\times18=45360mm$</td></tr>
<tr><td>Y 向钢筋单根长度</td><td>钢筋长度：$2600-2\times40=2520mm$</td></tr>
<tr><td>Y 向钢筋根数</td><td>总根数=［$2600-2\times$min（75，150/2）］/150+1=［$2600-2\times75$］/150+1=18 根</td></tr>
<tr><td>Y 向钢筋总长度</td><td>总长度=$2520\times18=45360mm$</td></tr>
</table>

任务 8.2　桩基承台的绘制

在广联达 BIM 土建计量平台软件中，完成轴网的绘制以后，就可以布置桩基承台了。阅读施工图时，重点应放在识读承台的截面尺寸、竖向尺寸和配筋信息上，画图时要注意布置位置与图纸一致。

下面以矩形独立承台 CT1 为例，具体讲解桩基承台绘制方法。

1. 定义独立承台属性信息

单击"导航树"中→单击"基础"前面的 ■ 使其展开→双击 桩承台(V)→单击构件列表下的 新建 ▾ →单击"新建桩承台"（图 3-8-7）→重复单击构件列表下的 新建 ▾ →单击"新建矩形独立基础单元"（图 3-8-8），此时弹出"选择参数化图形"窗口（图 3-8-9），选择矩形承台后在右侧区域输入矩形承台截面尺寸、高度、配筋信息，点击"确认"。

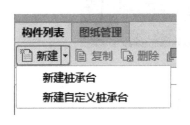

图 3-8-7　新建桩承台

图 3-8-8　新建矩形独立基础单元

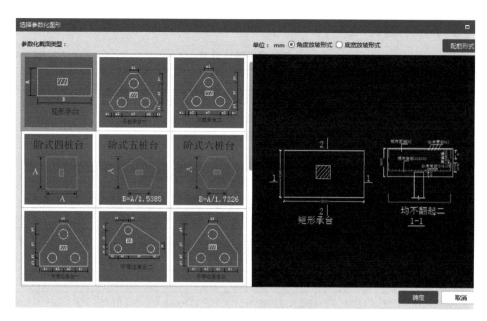

图 3-8-9　选择参数化图形

2. 绘制独立承台

绘制独立承台的命令常用的有点、智能布置等。具体操作过程为：

（1）点 ┼ 。分割基础平面图→选择要绘制的独立基础→选择图纸对应位置点击→

点击鼠标右键确定结束。若图纸上独立基础的中心点位置不易识别，则可使用"F4"命令切换插入点（图 3-8-10）。

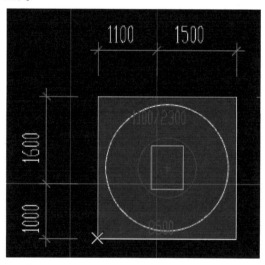

图 3-8-10　点的绘制

（2）智能布置 。选择要绘制的独立基础→单击"智能布置"→选择"轴线"→

拉框选择需要布置的轴线（图 3-8-11）→完成布置（图 3-8-12）。

图 3-8-11　选择需要布置的轴线

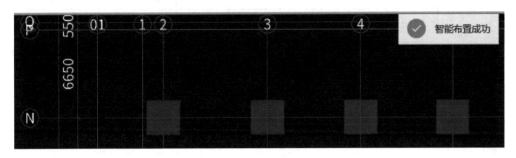

图 3-8-12　布置完成

3. 汇总计算并查看钢筋量

选中一个 CT-1，右击选择"汇总选中图元"（图 3-8-13）。计算完成后，点击鼠标右键选择"查看钢筋量"（图 3-8-14），独立承台 CT-1 钢筋工程量明细如图 3-8-15 所示。如果要查看每一种的钢筋形状、计算长度数量等，则需要单击"钢筋计算结果"面板里的"编辑钢筋"按钮，软件在绘图区下部弹出该独立基础的"编辑钢筋"对话框。

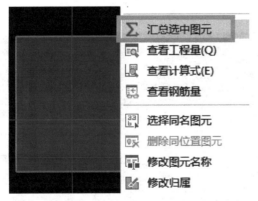

图 3-8-13　汇总选中图元

4. 查看独立承台内钢筋立体图

单击"钢筋计算结果"面板里的"钢筋三维"按钮→单击 DT-1→单击绘图区右侧 图标下面的箭头→单击"西南等轴测"按钮，软件显示 DJ-1 内部的钢筋轴测图。选择"钢筋显示控制面板"中的不同项，绘图区将显示独立基础内不同类型的钢筋（图 3-8-16）。

单击绘图区右侧 图标（动态观察）按钮，调整任意角度来观察钢筋形式。最后单击 图标（或按 Ctrl＋Enter 键）返回二维平面俯视图。

查看构件图元工程量

构件工程量 做法工程量

◉ 清单工程量 ○ 定额工程量 ☑ 显示房间、组合构件量 ☑ 只显示标准层单层量

	楼层	名称		工程量名称					
				数量(个)	体积(m3)	模板面积(m2)	底面面积(m2)	侧面面积(m2)	顶面面积(m2)
1	首层	ZCT-1	ZCT-1	1	0	0	0	0	0
2			ZCT-1-1	0	6.76	10.4	6.76	10.4	6.76
3		**小计**		**1**	**6.76**	**10.4**	**6.76**	**10.4**	**6.76**
4	合计			1	6.76	10.4	6.76	10.4	6.76

图 3-8-14 查看钢筋量

编辑钢筋

|< < > >| 插入 删除 缩尺配筋 钢筋信息 钢筋图库 其他 · 单构件钢筋总重(kg)：269.047

	筋号	直径(mm)	级别	图号	图形	计算公式	公式描述	长度	根数	搭接	损耗(%)	单重(kg)	总重(kg)
1	横向底筋.1	20	⏀	63	200 2510	10*d+2600-2*45+10*d	设定弯折+净长…	2910	18	0	0	7.188	129.384
2	纵向底筋.1	20	⏀	63	200 2510	10*d+2600-2*45+10*d	设定弯折+净长…	2910	18	0	0	7.188	129.384
3	侧面受力筋.1	12	⏀	1	10808	(2600+2600)*2-8*45+768	(基础底长+基础…	10808	1	768	0	10.279	10.279

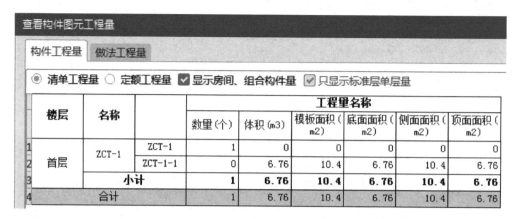

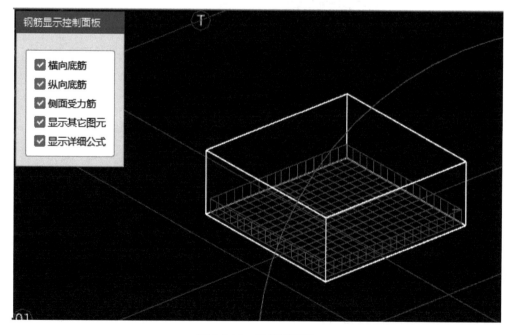

图 3-8-15 钢筋工程量明细

图 3-8-16 钢筋轴测图

任务单 3-8-1　独立承台钢筋工程量计算

(一) 任务介绍

（一）任务介绍

每三人为一个小组，通过学习独立承台钢筋算量模块的知识内容，结合任务指导中的相关说明，完成教师给定的案例工程项目中任意一独立承台钢筋工程量计算任务。

（二）任务实施

根据钢筋计算表格示例格式计算以下钢筋的工程量：

1. 计算独立承台 X 向钢筋工程量；

2. 计算独立承台 Y 向钢筋工程量。

学习情境8 案例图纸

钢筋手算表格

构件名称	钢筋名称	钢筋级别	钢筋直径	钢筋图样	根数	单根长度计算式	单根长度(m)	单重(kg)	总重量(kg)

任务单 3-8-1　成果评分表

序号	考核内容	评分标准	标准分(100 分)	分值	自评	互评	师评
1	职业素养与操作规范	清查给定的图纸、图集、记录工具是否齐全，做好工作前准备	10	40			
		文字、图表作业应字迹工整、填写规范	10				
		不浪费材料且不损坏工具及设施	10				
		任务完成后，整齐摆放图纸、图集、工具书、记录工具、整理工作台面等	10				
2	独立承台钢筋工程量计算	X 向钢筋单根长度	10	60			
		X 向钢筋根数	10				
		X 向钢筋总重量	10				
		Y 向钢筋单根长度	10				
		Y 向钢筋根数	10				
		YX 向钢筋总重量	10				
综合得分							
备注：综合得分＝自评分×30％＋互评分×40％＋师评分×30％							

任务单 3-8-2　独立基础钢筋软件翻样

（一）任务介绍	
课前：学习独立承台新建、定义、绘制等软件操作的视频，熟悉软件操作基本流程。	
课中：完成钢筋软件翻样。	
（二）任务实施	
使用 BIM 建模软件建立教师给定的案例工程项目地下室承台钢筋模型。	
建模的顺序：	
1. 新建独立承台，定义该构件，包括：基础编号、截面竖向尺寸、配筋三项必注内容以及基础底面标高等。	
2. 绘制独立承台，按照承台平面布置图，绘制各独立承台。	

任务单 3-8-2　成果评分表

序号	考核内容	评分标准	标准分（100分）	分值	自评	互评	师评
1	职业素养与操作规范	清查给定的资料是否齐全，检查计算机运行是否正常，检查软件运行是否正常，做好工作前准备	10	40			
		文字、图表作业应字迹工整、填写规范	10				
		不浪费材料且不损坏工具及设施	10				
		任务完成后，整齐摆放图纸、图集、工具书、记录工具、整理工作台面等	10				
2	承台的绘制	独立承台类型定义正确，错误扣10分	10	60			
		截面尺寸定义正确，错误一处扣5分	10				
		竖向尺寸定义正确，错误一处扣5分	10				
		底部配筋信息定义正确，错误一处扣5分	10				
		根据图纸要求修改工程设置准确，未修改一处扣5分	10				
		构件位置布置准确，布置位置与图纸不一致，错误一处扣5分	10				
综合得分							
备注：综合得分＝自评分×30％＋互评分×40％＋师评分×30％							

学习情境 9　钢筋工程量汇总

钢筋工程量汇总

任务 9.1　汇　总　计　算

所有的构件绘制完毕，需要查看当前工程的钢筋工程量，需要先进行"汇总计算"。"汇总计算"是软件对建模构件和单构件输入构件，按照新建工程设置的平法计算规则和平法节点进行自动运算的一个过程，对"汇总计算"有几个情况要进行说明（图 3-9-1）：

图 3-9-1　汇总计算

（1）汇总计算的时候，如果工程很大，建议在汇总计算时不要进行其他操作，避免出现汇总计算速度过慢。

（2）全楼：可以选中当前工程的所有楼层。

（3）工程量汇总可勾选"土建计算"和"钢筋计算"。

（4）表格输入：汇总计算时，需要计算表格输入，则勾选。

任务 9.2　导出钢筋工程量表

单击"查看报表"按钮，弹出"报表"对话框。报表分为三大类：钢筋报表量、土建报表量和装配式报表量。软件提供了工程所需要的各类表格，"钢筋报表量"包括各类定额指标、各类明细表、各类汇总表。具体导出过程如下：

单击选择"查看报表"→"钢筋报表量"→单击"钢筋统计汇总表"（图 3-9-2），光标移到工程量表格上→单击鼠标右键→单击"导出到 Excel 文件（X）"→选择文件路径（可到桌面）→"文件名（N）"输入"首层钢筋统计汇总表"→单击"保存"，弹出"导出成功"对话框，单击"确定"按钮。

报表														
构件类型	合计(t)	级别	6	8	10	12	14	16	18	20	22	25		
柱	8.026	Φ	0.373	7.653										
	14.61	⊕					2.908	1.697	3.69	4.94	1.275			
构造柱	0.432	Φ	0.432											
	1.033	⊕					1.033							
过梁	0.318	Φ	0.318											
	0.595	⊕		0.022	0.269	0.217	0.087							
梁	6.439	Φ	0.619	5.718	0.102									
	21.15	⊕				1.324	7.196	2.33	4.152	5.305	0.663	0.18		
圈梁	0.191	Φ	0.071	0.12										
现浇板	0.160	Φ	0.160											
	16.821	⊕	1.025	10.705	4.831	0.18								
板内加筋	0.037	⊕				0.011	0.026							
楼梯	0.41	Φ		0.337	0.073									
	1.263	⊕			0.307	0.956								
独立基础	0.659	⊕				0.132	0.064	0.463						
压顶	0.231	Φ	0.231											
	0.049	⊕		0.033		0.016								
自定义线	0.071	⊕		0.071										
合计(t)	16.286	Φ	2.212	13.896	0.175									
	56.916	⊕	1.025	10.84	5.406	3.636	11.314	4.489	7.842	10.245	1.939	0.18		

图 3-9-2　钢筋统计汇总表

任务 9.3　算量数据文件的整理装订

工程汇总计算完毕，把工程计算结果最终转化成纸质稿有两种方式：一种是直接用广联达钢筋抽样软件进行打印；另一种是把工程成果导出 Excel 进行一些调整再用 Excel 进行打印，打印的时候我们要对报表的类型进行选择，并不是每个工程都要把软件所有的报表进行打印输出，我们要根据工程文件的需要进行选择，在没有说明的情况下，一般需要提供以下表格：

（1）封面；

（2）工程技术经济指标表；

（3）钢筋定额表；

（4）钢筋明细表；

（5）构件汇总信息明细表；

（6）钢筋级别直径汇总表。

最后把表格打印以后按照顺序进行装订成册。

学习笔记

任务单 3-9-1 报表导出及整理

学习情境9 案例
图纸

（一）任务介绍

　　课前：学习统计计算钢筋工程量操作基本流程。

　　课中：完成报表导出及整理。

（二）任务实施

　　使用广联达 BIM 土建计量平台 GTJ2021 软件完成教师给定的案例工程项目钢筋工程报表导
出、打印及数据整理。

　　导出范围：全楼全部类型钢筋工程量

　　（1）工程技术经济指标表；

　　（2）钢筋定额表；

　　（3）钢筋明细表；

　　（4）构件汇总信息明细表；

　　（5）钢筋级别直径汇总表。

任务单 3-9-1 成果评分表

序号	考核内容	评分标准	标准分（100分）	分值	自评	互评	师评
1	职业素养与操作规范	清查给定的资料是否齐全，检查计算机运行是否正常，检查软件运行是否正常，做好工作前准备	10	50			
		文字、图表作业应字迹工整、填写规范	10				
		不浪费材料且不损坏工具及设施	15				
		任务完成后，整齐摆放图纸、图集、工具书、记录工具、整理工作台面等	15				
2	报表导出及整理	工程技术经济指标表导出正确，错误扣5分	10	50			
		钢筋定额表导出正确，错误扣5分	10				
		钢筋明细表导出正确，错误扣5分	10				
		构件汇总信息明细表导出正确，错误扣5分	10				
		钢筋级别直径汇总表导出正确，错误扣5分	10				
综合得分							
备注：综合得分＝自评分×30%＋互评分×40%＋师评分×30%							

参 考 文 献

［1］ 中华人民共和国住房和城乡建设部. 建设工程工程量清单计价规范 GB 50500—2013［S］. 北京：中国计划出版社，2013.

［2］ 中华人民共和国住房和城乡建设部. 房屋建筑与装饰工程工程量计算规范 GB 50854—2013［S］. 北京：中国计划出版社，2013.

［3］ 湖南省建设工程造价管理总站. 湖南省建设工程计价办法［M］. 北京：中国建材工业出版社，2020.

［4］ 湖南省建设工程造价管理总站. 湖南省建设工程计价办法及附录［M］. 北京：中国建材工业出版社，2020.

［5］ 湖南省建设工程造价管理总站. 湖南省房屋建筑与装饰工程消耗量标准（基价表）［M］. 北京：中国建材工业出版社，2020.

［6］ 湖南省建设工程造价管理总站. 湖南省建设工程计价办法及消耗量标准（交底资料）［M］. 北京：中国建材工业出版社，2020.

［7］ 全国造价工程师执业资格考试培训教材编审委员会. 建设工程计价［M］. 北京：中国计划出版社，2019.

［8］ 中国建筑标准设计研究院. 混凝土结构施工图平面整体表示方法制图规则和构造详图（16G101）［M］. 北京：中国计划出版社，2016.

［9］ 傅华夏. 建筑三维平法结构识图教程［M］. 北京大学出版社：北京，2016.

［10］ 孙湘晖，周怡安，李延超. 工程造价软件应用［M］. 中南大学出版社有限责任公司：长沙，2018.

［11］ 曹杰. BIM 量筋合一算量［M］. 化学工业出版社：北京，2019.